ねこバカ いぬバカ

養老孟司×近藤 誠

小学館

もくじ

第一章

ペットと暮らせば

第二章

ペットと人の医療

第三章 ペットと人の老病死

養老まる

PROFILE

性別　オス　♂

愛称　まぁくん(と呼ばれることも)

種類　スコティッシュ・フォールド

体重　7kg

経歴　2003年5月 奈良県生まれ。
2003年9月 養老家へ。
写真集『養老孟司先生と猫の営業部長　うちのまる』(2008年)、『養老孟司先生と猫の営業部長　そこのまる』(2010年)、『まる文庫』(2013年)出版、DVD『どスコイ座り猫、まる。』(2011年)リリースなど、かなりの有名猫。

性質　ドテーッと構えて、ムダな動きをしない。ものごとに動じない。

好物　マヨネーズ

特技　ドスコイ座り

日課　明け方、養老先生の寝室へ。モーロー状態の先生にエサをもらうと、すぐ出ていく。
日中はほぼ寝ている。先生がパソコンに向かうと必ず書斎にやってきて、ちょっかいを出す。
奥様のお茶のお稽古の日は参加して、茶室でまったり。たまに、気ままな探索活動。夕食後20時ころには就寝。

母と同じく、僕もまるまると寿命の長さ競争

年の離れた姉が猫好きで、ものごころついた時から、うちにはいつも猫がいました。姉に猫の面倒を見させられて、けっこういじめたりもしてましたよ。

下の写真を撮った時のこと、僕は覚えてないんです。たぶん4～5才で、戦前か戦争中です。当時のカメラだから、子猫を抱いたままかなり長くじっとしてたはずです。でも記憶にないから、いつも抱いていたんでしょう。

死んだ僕の母親は開業医で料理をしたことがなく、作れるのはソバ粉をお湯で溶いたソバがきだけ。それが晩年にシャム猫を飼うと「私の猫は、私の煮たアジかキャットフードしか食べない」という

←虎屋の羊羹とホタテの干し貝柱が好物だったチロ。18才まで生きました。

➡おそらく4～5才のころ撮影した写真。猫の名前も記憶にありません。

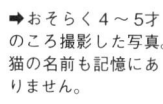

のが自慢になりました。ある日、隣のオバさんがきたので例の自慢話をすると、「エッ、この猫、うちでは猫まんま、食べてますよ」。シャムのくせに、カツオブシのごはんをごちそうになってたんです。

まるは怠惰で食への興味はマヨネーズだけで、魚も食べないし、つまみぐいもしません。寝ている時間が圧倒的に長くて、獲物を捕るのも自分の手の届く範囲だけ。一方、先代のオス猫チロはなんでも食べて、なかなかのハンターでした。よく木に登って鳥を捕り、朝起きたら、家の中を獲物のモグラが走り回っていたり。

猫はみんなガンコで、好き勝手にしてる。そこがなんともいえずいいんです。

母の死の3か月前に、シャム猫が死にました。「猫が死んだから私もそろそろ」と、95才の母が言っていたのを思い出します。僕もまると、寿命の長さ競争です。

⬅目がまん丸でかわいかったから、「まる」。娘がひとめぼれしてもらってきました。
撮影／足立真穂

近藤ボビー

PROFILE

性別　オス　♂

愛称　ボーちゃん

種類　ボストン・テリア

体重　3.5kg（ただいま成長中）

経歴　2014年4月 滋賀県生まれ。
2014年6月 近藤家へ。
近藤家の4代目ワンコとなる。

性質　フレンドリー。大きな犬に吠《ほ》えられても平気。

好物　プリンなどの甘味

特技　スリッパの破壊

日課　朝3時台に、超早起きの近藤先生に起こされてリビングに行き、また寝る。
6時に朝ごはん。神田川沿いを散歩。日中、壁や机の脚にマーキング。先生に時間があると、ボール遊びや追いかけっこ。夕方にもう一度散歩をすることもある。18時に夕ごはん。19時すぎにふとんの上で遊んでから、超早寝の先生と就寝。

うちの犬も「がん放置療法」で、長寿を全う

結婚して40年近く、うちでは4匹の犬を飼ってきました。どの犬も、一度も病院に連れていったり、薬を飲ませたことがありません。

初代はビーグルのメスで、名前はレディ。7才のころ乳がんに気づき、その後、皮膚転移のような症状が出ました。17才で足腰が立たなくなり、人間のオムツに穴をあけて尻尾を通してつけてやっていました。がんではなく老衰で亡くなりました。人間なら、80代で大往生という感じですね。

すぐに長女がウェルシュ・コーギーのメス、マリンを連れてきました。家で子どもを産ませた中に、未熟児で目がよく見えないボビーがいました。母親の乳首に吸いつく力もなくて三度死にかけたので、哺乳瓶で牛乳を飲ませて育て、死ぬ直前まで、僕と一緒に寝て

➡初めて飼ったレディ。娘のおもちゃを隠したりして、よく笑わせてくれました。

⬆レディもこのマリンもうちで子どもをたくさん生みました。

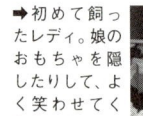

いました。母犬に育ててもらえなかったのをうらんでか、ボビーはよくマリンに飛びかかったり、お尻にかみついたりしていました。

マリンは突然、子宮出血して逝きました。苦しまなかったことが救いです。

ボビーは晩年、皮膚の一部がむけて出血があったので、一種の皮膚がんだったかもしれません。最後は足腰が立たなくなりましたが、朝晩外に連れだし、足を支えて大小便をさせました。しだいに衰え、12才で眠るように逝きました。

その後、ワイフが4代目の犬を飼う気になるまで、1年半かかりました。なぜか今度はブサイク系がいいということになり、今のボビーはブルドッグの血を引いたボストン・テリアです。僕に似て甘党で、甘い卵焼きやお菓子が大好きです。

病院では、治療を受けて苦しんで亡くなる無数の患者さんを見てきました。3匹の犬を看取って、自然に死ぬのは苦痛がないことを改めて学びました。

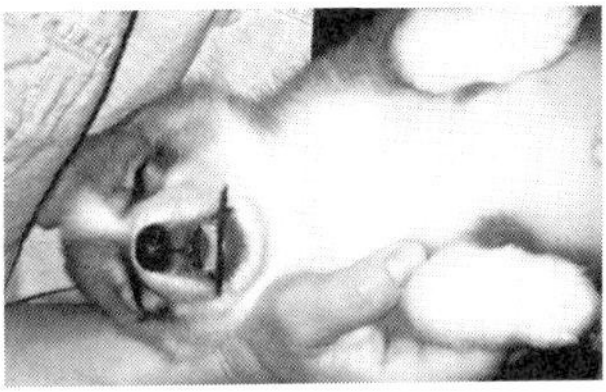

⬆マリンの息子、初代ボビーは小さいころはとにかくイタズラっ子でした。

第一章

ペットと暮らせば

こんなにたるんだ猫は初めてです

養老　このFAX機の上と縁側が、まるの定位置なんです。暖かいですからね。

近藤　わぁ、すごい貫禄《かんろく》だなあ。

養老　ドテーッとしてるでしょう。一番得意なのは、やる気のないポーズ（笑）。しっぽを踏んでも痛がらないし、ギャッとも言わない。こんなにたるんだ猫は初めてです。

近藤　猫はふつう警戒心を見せるけど、まるちゃんは悠然としていますね。

養老　動物ですから神経質なところもあるし、びっくりすると、たまに跳ねることもあるけど、それもせいぜい自分の身長ぐらいだね（笑）。

近藤　本当に、落ち着いてます。

養老　しかし、ボーちゃんも人なつっこいですね。

近藤　ボビーは犬より人間の方がいいみたいで。フレンドリーすぎて、通りすがりの人に這《は》い上がろうとしたり、だれにでも近寄ってしがみつくから、みんなにカワイイと言ってもらえます（笑）。
いつか、さらわれるんじゃないかと心配で「スーパーに入る時にちょっと柵につないでおく」なんて、とてもできない。

ペットと遊んでふと思う「なんでオレだけ働かにゃならんのか」

養老　人間がどうしてペットを飼うようになったかって、やっぱり見ていてカワイイから、楽しいからだと思いますよ。

近藤　ボビーは「おひざで抱っこ」がお気に入りで、その体温を感じながらテレビのスポーツ番組なんか観《み》てると、もう至福。
休みの日はボビーが寝ると僕も昼寝したりして、ずっと一緒にいます。彼の顔を見てるだけで、一日中あきない。

養老　しぐさを見ているだけで、働く気が失《う》せるよね。だって猫は一日中、食べるか、寝るか、遊ぶかで、働く時間なんかないんだから。

なんでオレだけが、働かにゃならんのか（笑）。

近藤　まるは僕にとって完全に「癒し系」。仕事でどんなにイライラしても、まるがいると心が落ち着きます。うちに帰るとまず、まるの姿をさがしてしまう。

養老　写真集が何冊も出ていて、すごいですね。

だいぶ前に、読売新聞にまるの写真が載ったら、本人はそのつもりはないんだろうけど、しぐさがなんだかおもしろいっていうので写真集ができて、あんがい有名猫になっちゃった。

近藤　猫は気ままなところがあるから、撮影が大変だったでしょう。

養老　カメラを向けられるとわざと目線をはずすし、こっち向けって言っても向かないから、どれも、何日もかかって撮ってましたよ。

近藤　まるちゃんとは、よく散歩もされるそうですね。

養老　ゆっくりできる日は一緒に出かけます。僕と一緒だと、まるはいつも行かないようなところにも探検に行くの。動物って探索行動が好きだから。みなさん辛抱がないだけで、猫のペースに合わせてやると、安心して遠出しますよ。

近藤　どこかにいなくなったりしませんか？

養老　いや、まるは僕がちゃんとついてきてるか、さりげなく見てます。いつまでも帰りたそうにしないから、こっちが先に帰りたくなっちゃう。だってこいつは一日ヒマだけど、こっちはいろいろ忙しいんだ（笑）。犬は毎日連れださないとね。

近藤　ストレスがたまるっていいますね。ボビーとは毎日、朝6時ごろ散歩しています。うちの近くを神田川《かんだがわ》が流れていて、ずうっと桜の木が植わってて、その川沿いが定番コース。こういう室内用の小型犬は寒がりで、すぐにブルブル震えだすから、よくコートを着せます。

やっぱり猫が好き？ それとも犬が好き？

近藤　ペット好きはよく、猫派と犬派に色分けされますね。

養老　僕は昔、犬も飼ってたけど、いつもかまってやらなきゃいけないのと、つないで飼わなきゃいけないのがね。つなぐことが嫌いなんです。

近藤　日本で飼われている犬はおおよそ1030万頭、猫が1000万頭でしめて2000万頭以上。15才未満の子どもの数を上回っているそうです。

養老　犬の方が多いんだね。

近藤　でもアンケートでは6割が「猫が好き」。僕はどっちも好きなんだけど、ワイフも娘ふたりも犬好きだから、猫は飼わせてもらえないままです。

養老　猫が好きな人って、本当の自分を猫に託しているんじゃないかと思いますよ。本当は気ままに生きたいんだけど、浮世の義理があって、けっこう気を遣って辛抱していて。だから猫に好きにさせて、勝手に乗り移って、その時、自分も猫になってるんじゃないかな。

近藤 僕なんかその典型。本当は人づきあいが苦手で、大勢集まって騒ぐより、ひとりでコツコツ仕事するのが性に合ってますから。

養老 僕も、カマボコみたいに机に張りついて、コツコツ勉強してる時が一番楽しいから、やっぱりいつかは猫を飼って、猫になってみたいです（笑）。

近藤 猫に比べて犬は社会性が高いから、飼い主にとってあくまで他者で、自分に依存させている感じがしませんか。

養老 犬は聞き分けがよくて、従順ですからね。

近藤 犬を飼うことが、社会的関係の予習や復習にもなっているような。

養老 確かに犬を厳しくしつける人は、人間も統率したいタイプかもしれない。

僕が通ってた中高一貫校の校長はドイツ人の神父さんで、夜になって先生たちを呼びつける時、いつもピーッて窓から呼び子を吹いてたの。すると、ある神父さんが怒るんだ、「私は犬じゃない！」って（笑）。

本人たちに聞いたわけじゃないけど、校長は犬好きで、怒った神父さんは猫好きだったんじゃないかな。

サルも子猫にハマって ムギュー

近藤 犬好きは、単純な人が多いでしょうね。犬って自己アピールがすごくて、「エサくれ」「散歩に連れてけ」「なんかやってほしい」…常に「かまって、かまって」(笑)。しっぽもよく振ってくれて、わかりやすいから。

僕は「どの犬も性格が違うけど、どんな性格でもかわいい」っていう、犬バカです。特に子犬はたまらない。

養老 わかります。

近藤 子犬の匂いも好きなんです。人間の赤ちゃんも独特のいい匂いがするけど、それとも少し違う、甘酸っぱい、野生を感じる匂い。日がたって大きくなるにつれて、その匂いがだんだん失われていくのがさびしくて。

養老 これは飼ったことがないと、わからないだろうなあ（笑）。

猫は体臭ってあんまりないからね。

近藤 猫の子はオスもメスも、人間にたとえれば女の子のかわいさだと思うんです。

きゃしゃで、お人形さんみたいで。犬の子はオスもメスも、男の子のかわいさ。

ちょっとずんぐり体形で、ぬいぐるみみたいで。

養老 まるは子猫の時から、ひたすらデカかったです（笑）。

そういえば、うちでサルを飼ってた時は、同時に飼った子猫をすっかり気に入ってしまってね。子猫がそばにいると、サルがすぐに抱こうとするの。抱きかたが容赦ないから、猫はいやがってなんとかして逃げようとするんだけど、サルはがんばって抱っこしてました。

サルの時代から、人間は猫好きだったのかもしれないな。

ペットと暮らすのはいいこと。難しいこと抜き！

養老　ペットを飼ってると、どうしても人間に重ねて見ちゃうでしょう。

近藤　そうですね、それも「友」というより「わが子」に近い。ペットと一緒に暮らすのは、いいことですよね。自分の言いなりにはならないし、こき使われるんだけど、つきあってると、いろんなことに気づかせてくれる。

まあ難しいこと抜きで、生き物がそのへんをチョロチョロしていたり、抱っこしてるだけで心が安らぎます。

養老　猫はワガママだけど、好みをこっちが邪魔しなければいいんです。こういう天気のいい日は、まるが縁側にひっくりかえってるから僕も一緒にひっくりかえって、「おまえ、なに考えてるんだバーカ」って言ってみたり（笑）。

近藤　猫も犬も、当たり前だけど性格がほんとにいろいろで。

養老　それぞれ全く性格が違って、どういう性格でもしょうがない。怒ってもしょうがないしね。なんで怒ってるのか、相手はわからないんだから。
　僕が犬を飼えないのは「しつけができない」ことも大きい。まるを全くしつけていません。まるのワガママが好きだから、僕自身もワガママなんだろうな。

近藤　同じく全くしつけができないんだけど、ボビーを飼ってます。

養老　僕は、わが子にも「アドバイス」ってしたことないの。あれこれ口を出すと、その子が持ち合わせてないものを、外側からつけ加えることになるから。
　余計なことしなくたって、子どもも動物も、自分の能力の範囲でちゃんと生きていきますよ。

近藤　まわりに迷惑をかけない範囲でのびのび生きられるのが、人間にとってもペットにとっても、一番幸せなことですね。

僕は、動物にバカにされるの。馬に乗ったら、たちまち道草を…

養老　だいたい僕は、動物にバカにされるの。絶対に尊敬なんかしてもらえない。前にコスタリカに行って、初めて馬に乗った時もたちまち、道草を食い始めちゃった。それまでは馬らしくちゃんと頭を上げてたのに、僕が乗ったとたん頭を下げて、草を食いやがるんだ（笑）。

近藤　まさに道草だ。

養老　そのあと、なんとか馬が歩きだして牧場の方に行ったら、向こうから3頭の馬が走ってきた。その仲間に入ろうと思ったらしく、僕の馬はなんと、斜面を駆け上がり始めて。

近藤　初めてなのに、暴れ馬……。

養老　幸い柵があったからよかったけど、僕の行きたい方向なんか、いっさいカンケーなかったみたい。背中に、荷物でも乗っけてるつもりだったんでしょう。まるだって僕のことを「腹がすいたら、この便利なエサ出し機を使えばいい」と思ってるに違いない。

近藤　こっちの方がおちょくられますよね。最初に飼ったレディはワル知恵が働いて、たとえばワイフがトンカツを揚げて、トレーに並べて、台所をちょっと離れて戻ったら、いきなり数が減ってる。「神隠しだ」と騒いでいたら、レディがまず床に落としてから食べていたんです。

養老　やるなあ。

近藤　もうひとつトンカツ話があって。ある日レディがちょっとの隙に抜けだして、非常階段を駆け下りたんです。すぐあとを追って7階から1階まで降りて、マンションの隣の、よくエサをもらってたトンカツ屋さんまで探してもいない。うちに戻ったら、そのお店から「お宅の犬が来てます」って電話がかかってきました。レディは非常階段の物陰に隠れて、僕をやりすごしたんだろうな。

養老　まるは、腹が減った時に僕が寝てると、テレビのリモコンに乗ってスイッチを入れたり、メガネを床に落としたりして、なにがなんでもたたき起こしますよ。

アイツらも、いろいろ考えてるんだね。

猫は古今東西、仕事の邪魔が好き

近藤　猫は飼い主がなにかに集中していると邪魔しにくる、って本当ですか？

養老　そうそう、特に仕事の邪魔をね。僕の書斎の、大きな机の上に書類を広げていると、まるがやってきて、いちばん必要な書類やスケジュール表の上に乗っかって、文鎮みたいに居座ったり。

近藤　大事な書類を見分けるんですね。

養老　僕がパソコンに向かってる時も、必ずまるが書斎にやってくる。ひざにのっけると、マウスを動かしている僕の手に首だけ乗せる。すると手が重くてマウスを動かせないでしょ。
要するに「仕事をするな。自分をかまえ」と言いたいらしい。まるがひざに乗ったら最後、そこで仕事はおしまいなんだけど、つい乗せちゃうんだなあ。

近藤 クロアチアの図書館にしまわれていた15世紀の手書きの写本の中には、点々と猫の足跡がついていたそうです。猫は黒インクを踏んだあと、書きかけのページを横切ったらしい。

養老 500年前、足跡に気づいた瞬間の、書き手の顔を想像すると笑ってしまう。まるもキーボードの上を横切るから、突然、画面に「t」の字が100も並んだりします。
女房や秘書さんが机に向かっている時も同じだし、外国の作家も「猫がタイプライターに乗って困る」と書いてたから、仕事の邪魔をするのが習性なんだね。

羊羹は虎屋。マヨネーズはアメリカン。違いがわかる猫

養老　うちにお客さんが大勢見えてオーバーがいろいろ置いてあると、まるは必ずその上に寝そべるんだけど、みんな言ってますよ。「一番高そうなオーバーを選んでる」って（笑）。肌触りが違うんでしょう。

近藤　違いがわかる猫だ。

養老　感覚とか「わかる」っていうのは、違いを見分けられるってことですけど、動物と赤ん坊はすごい。

生後1か月の乳児の頭の両側に、母親のおっぱいと別の人のを浸したガーゼを置くと、どんな赤ん坊も、もう必ず自分の母親のお乳を選ぶからね。

で、父親に同じことやると、全然違いがわからないの（笑）。

近藤　大人になると、感覚がすっかり鈍るんですね。犬の嗅覚なんて、人間の何千倍

とか何万倍でしょう。

養老　昔、インスタントコーヒーのコマーシャルで、「違いがわかる男」っていうのがあったけど、あれは皮肉が効いてたなあ。

近藤　味がホントにわかったら、インスタントコーヒーを飲まないだろうって。

養老　まるはおかしいんだよ。

ふつうの猫が好きなものをあまり食べなくて、魚もアジにちょっと口をつけるぐらいなんだけど、マヨネーズが大好物でね。

女房はもっぱら甘やかして、娘に「そんなに食べさせたら、まるの健康に悪い」と文句を言われてる。サジにマヨネーズをのせて出すとペロペロなめるから、僕は必ず、こうやってひとサジだけやることにしてます。

近藤　おいしそうになめてる。

養老　そうそう、ほら満足したみたいで、毛づくろいして落ちついてるでしょ。おもしろいですよね。鎮静剤みたいな役割。

近藤　瓶入りのマヨネーズですね。

養老　最初にアメリカの「ベストフーズ」っていうブランドのを食わせたら、えらく気に入ったみたいで、キューピーのマヨネーズをやっても、食わないんですよ。

近藤　先代のチロ君の好物は羊羹《ようかん》でしたよね。

養老　チロにはいつも、虎屋の羊羹をやってました。ある時、『吾輩は猫である』に出てくる本郷《ほんごう》の藤むらのをいただいたから、やってみたけど、やっぱり食わなかった。老舗の上等なのにねえ。羊羹の違いなんて、僕には全くわからないな。

近藤　僕も全く自信ないです。

養老　チロはホタテの貝柱も好きでした。酒のつまみの干したやつ。あれ噛《か》んでると、遠くから走ってきてた。「おまえ、食ってるだろう」って顔して。

近藤　猫は、とにかく味の好みがうるさいです。

養老　羊羹と貝柱。甘辛両刀だったんですね。

近藤　女房が外国に行って長く留守にしたことがあって。

養老　エサの缶詰がなくなって冷蔵庫にキュウリだけ残ってたから、チロにこれ食べろって説教してみたんです。

「魚だろうがキュウリだろうが、小腸まで入れば、どうせ水と無機塩類と糖とアミノ酸と脂肪酸とグリセリンになる。どっちを食べても同じことだ。パンダを見なさい。もとはクマみたいなもので肉食獣だったけど、今は笹の葉を食べてるじゃないか」って。チロはやっぱり食わなかったね（笑）。

近藤　だけど干ししいたけは食ってましたよ。水に漬けてやわらかく戻してるのをわざわざ取り出して、いつまでもクチャクチャクチャ。うまみがわかったんだな。

犬はそういうこだわりはなくて、自分のウンチまで食べたりします。先祖のオオカミが、草食動物の糞を食べて栄養を補ってた名残《なごり》という説もあるようです。

サルを飼ったらおもしろい毎日

養老　そういえば昔サルを飼ったら、もともと木の上で暮らしてる動物だから、どこでも排泄《はいせつ》をしちゃうの。トイレのしつけを小さい時にしてないサルは、とても家の中じゃ飼えません。

近藤　サルのしつけは難しそうだ。

養老　ニホンザルを飼う時は、「まず噛みつけ」っていいますね。そうすると上下関係ができて、人間の言うことを聞くからって。

近藤　養老先生のところに来たサルは、しつけがしてあったんですか？

養老　いや、してなくて、しょうがないから外で飼ってた。松竹の映画に使ったサルが2匹、映画が終わったら大船《おおふな》撮影所でお払い箱になって、1匹がうちにきたんです。ももちゃん。僕が中学生の時から、

ももちゃんはうちにいた子猫が好きで、嫌がってるのに、よく抱っこしていました。

かなり長く生きました。

近藤　いいなあ（笑）。

養老　おもしろいことをいろいろするんだよ、サルって。やることがヘンでね。なんでも食べるから、ある時、ラーメンの残りものを丼のままやったんです。そしたら麺を一本そうっと引き出してね、どんどん引っぱって、30センチぐらいまできたらギャッて逃げた。無限に続いてるって思ったんだね。

あと、閉めた雨戸に、外からつかまってたんだよね。戸板の裂け目からサルの指が見えてたから、こっちからちょっと手を触ったらびっくり仰天して、もう大騒動（笑）。

近藤　子ザルが、鏡に映った自分の姿に驚いてキャッて飛びのく動画を見たことがあります。あれにも笑ったなあ。

ペットはバカじゃないと情が移りすぎて、別れがたまらない

養老　あとサルって、きれいに本が並んでいて、1冊だけちょっと出てるとそれをひっぱりだしたり、座布団に小さい穴があいてると、中のワタをどんどんつまみだしたり。同じことを果てしなくやり続けるところがあって。

近藤　人間の子どもが同じことやったら、笑ってばかりもいられないけど。

養老　なんてったって、人間に対しては責任があるから。動物は気がラク。でも、サルはとっても利口で、社会的関係も人間に近いところがあってね。飼った最初の日に、ポケットにピーナツを入れてももちゃんの近くに行って、ポケットから出して食べさせたの。それをちゃんと覚えていて、次の日にはもう、僕のポケットに手を突っ込むようになってましたよ。

近藤　イギリスの写真家がインドネシアの島に行って、サルにカメラを奪われたとい

う話も、最近ネットで見ました。人間のまねをしてサルがシャッターを押してたら、ピントも表情もカンペキな「自撮り写真」が撮れて、あんまりよくできてるから、著作権が問題になったという。

養老 あるアメリカ人の研究者が自分の子とチンパンジーを一緒に育てたら、3才までは、なにやらせてもチンパンジーの方が上だったって。4才を過ぎると逆転するんですけどね。人間の子は、相手の立場にたって行動できるようになるから。

問題は、ともかくサルはあんまり利口だから、死なれた時がつらすぎてね。

近藤 ももちゃんを看取られたんですね。

養老 人間でいうと、たぶん肺炎だね。苦しそうだったたし、弱ってこれはもうだめだろうという時、犬猫病院に連れていくわけにもいかなくて、僕が注射して安楽死させました。高校生の時ですよ。

今思い出しても、たまらない。もう二度とサルを飼う気はしない。

やっぱりペットはかなりバカじゃないと、ペットにならないですね。利口だと、情が移りすぎて、本当の家族になってしまう。

おもしろペットや「世界一の犬」の動画で時間を忘れる

近藤 「動物おもしろ動画」や「おもしろペット」でネット検索すると、いろいろ出てきて気分転換にいいですよね。見て笑ってると、時間を忘れます。

養老 「世界で一番賢い犬」っていう動画には驚いちゃいますよ。

パンをトースターで焼いたり、雑巾で床を拭いたり、郵便をとってきたり、飼い主のために、実にかいがいしく働くんだ。そんなことをやる犬もいるんだなあと思って。

近藤 犬に芸をしこむって、どうしたらいいのか僕はさっぱりわからない。ボビーに通じるのは、「待て」ぐらいです(笑)。

僕が今一番気に入ってるのは、バタッと倒れる猫。外国の歩道に、まるちゃんみたいに大きな猫がいて、その何メートルか先にいる鳥に、抜き足差し足で近づいていく。でも、あと一歩のところで、鳥がパッと飛んで逃げちゃう。すると猫がバタッと横倒しになるの。人間がガックリきた時と一緒なんだ~と思って。

養老 まるなんか、近づく前からよくバタッて倒れてる（笑）。

近藤 そういえば2匹目のマリンを散歩させてた時、女子高生のグループが通りすがりに口々に「カワイイ!」って声をかけてくれて。マリンがそっちに気をとられてフラフラ歩いてたら、ゴンッて電信柱にぶつかったことがありました。「犬も歩けば棒に当たる」（笑）。

1匹目のレディは賢いんだけど超ドジで。ある時は、娘が高い戸棚の上に置いたお菓子を狙ってまず机に上がって、思いきりジャンプしたはいいけど足から落ちたらしく、しばらく足を引きずってました。

添い寝でおねしょされてもカワイイ。無心でお世話を

養老 落ちたといえば、高校の時、うちの裏がお寺でね。朝、住職さんが「猫が降りられなくなってる。お宅のじゃないですか?」って呼びにきた。本堂のデカい屋根のてっぺんにうちの子猫がいて、降りられなくなってたんです。

見物人が2~3人いて「猫だ、猫だ」って言ってるところに僕も混じって名前を呼んだら、なんと屋根を駆け降りながら転がり落ちて、僕の胸をめがけてポーンと飛びついてきたの。一直線に。

近藤 目に浮かびます。

養老 「ああ、オレのことわかってくれてるんだ。カワイイなあ」って、あれは本当にうれしかった。

動物って、次の瞬間なにやるかわからないところがね。

近藤　そこを楽しんでいるところがありますね。想像もつかないことを、「やってほしくないいんだけどやってほしい」みたいな。マリンは小麦粉の袋を引っぱりだして部屋中に粉をまき散らしたことがあって、あと片づけは大変だけど憎めなくて。今のボビーはうちに来てからしばらく、一緒に寝ると、朝おねしょでシーツがグッショリ濡れてることがときどきあって、起きぬけにボー然（笑）。

養老　それでも怒る気になれないどころか、「よくなついてかわいらしい」なんて思ってしまうでしょ。

近藤　そうですね。ボビーは人にくっつくのが好きみたいで、寝ている間に僕の胸、お腹、足っていろいろ場所を変えていく。それがまたうれしくて。
　いろいろな世話も、好き嫌いとか時間がないなんて言ってられない。主人というより召使いとして、食事の世話に散歩、イタズラや粗相の始末…とにかく無心で実行するのみです（笑）。

本人がいやがることはゼッタイしない

近藤　犬はときどき、体を洗ってやらないといけないけど、猫は自分でなめて毛繕いしますね。

養老　まるはカラダ洗われるのダメで。いっぺん泥だらけになったから洗ってやったら、いやがるいやがる。この世の終わりみたいな声を出して啼《な》いてました。それからは一度も洗ってません。本人がいやがることは、僕は一切しないです。

近藤　ふとんに入ってくることはありますか？

養老　ほかの猫と違って、まるはなぜか真冬でも絶対に、一緒に寝ようとしないんです。ああ、小さい時はベッドで一緒に寝てたんだ。そのころから重たかったんだよ、あいつ。
　今は、娘の使ってないベッドで寝てます。ただ、僕を起こすというか、明け方にエサをもらいにくるのが日課で。前の晩、遅くにエサをやっておいてもやってくるから、僕が「いる」ことを確認してるのかもしれない。

近藤 明け方に起こされるのは、こたえるでしょう。

養老 いやもう、あきらめてますからね。モーローとしながらまるにエサをやると、現金なもんで、またすぐ出ていきます。起こしにきてもドアが開かないようにしておくと、わりとあっさりあきらめるね。

近藤 ボビーはまだ子どもだから、最長6時間しかひとりにさせてないんです。お留守番の時は、自由に遊べるように僕の部屋をきれいに片づけて、もう大変（笑）。

養老 おもしろいのは、外国旅行に行くので大きな旅行カバンを床に広げると、いつもあっという間に、まるがその中に入っちゃう。何回もそういうことがあったからわかっていて、「自分も連れてけ」ってことなんでしょう。

近藤 海外に行くと、留守が長いですからね。

養老 1週間ぐらい家をあけて戻っても、まるがいつもどおり朝早くやってきます。ただ、夫婦で家をあけて1晩でも2晩でもだれもいないと、やっぱり不安なんでしょうね。帰宅するとトイレがね。必ずいつもと違う、ヘンなところでしてます。ふだんのお気に入りの排便場所は、女房の車の真ん前。まるがバンパーに手をついて、踏ん張ってる姿を娘が目撃したそうです。

まるとボビーはこうしてわが家にやってきた

近藤　まるちゃんがやってきて、何年ぐらいになりますか？

養老　2003年に娘が連れてきたから、もうとっくに10年超えてます。

近藤　その前がチロ君ですか？

養老　そうです。チロが死んだ時、女房はもともと動物が苦手だから「もう猫は飼わない」って言ったんです。でも、うちは夫婦とも忙しくてよく家をあけることもあって、娘はまた飼いたがっていました。僕も「家に帰った時に猫がいないと、さびしいよなあ」とよく娘に言ってた。

そしてチロが死んでから2年目、女房が海外旅行で長く留守にしている時に、娘が既成事実を作ったんです。

いろいろ調べて、スコティッシュ・フォールドなら性格が穏やかで愛らしいからよさそうだってことになって。娘は奈良のブリーダーのサイトで生後間もないまるを見つけて「目が大きくてかわいい」とひとめぼれしてね。

近藤 すぐ会いに行ったら、ほかの子猫は走り回ってるのに、まるは1匹だけケージの中にふんぞりかえって、娘が行っても全くたじろがなかったそうです。大きさも、同じ日に生まれた兄弟の1・5倍あったって。

養老 見た目も態度も大きかったんですね。

近藤 「こいつは天下を取れる」と、娘は思ったそうです。そして女房がロシアに出かけた隙に、まるを引き渡してもらった。さすがに家内も「奈良に返してこい」とは言えず、今ではまるをかわいがってます。

ボビーは、先代が死んだあと僕はすぐまた飼いたかったんだけど、ワイフがなかなかそういう気になれなくて。1年半ぐらいたった時、ワイフの妹が子犬を飼うと聞いて「それじゃ私も」ってことになったんです。

「毛むくじゃらの三女ができました」

エエッ!?

養老 近藤家で飼われた犬は、全部で4匹ですか。あ、お産の写真もある。

近藤 犬って安産だから、母犬に思うぞんぶん、産ませた時期がありました。全部で40匹ぐらいかなあ。生まれた子犬は、信頼できる犬好きの友人たちに譲ったり、ペットショップに引き取ってもらったりして。

養老 最初がビーグル犬?

近藤 そうです、ビーグルのメスで名前はレディ。僕が31才でアメリカに単身留学していた時に、ワイフから「毛むくじゃらの三女ができました」って手紙がきたから、エエッ!?

養老 やばい(笑)。

近藤　子犬を飼ったという意味だとは、とっさにピンときませんでした。留学を終えて帰国した時、レディはまだ生後数か月。家の中を走り回って襖《ふすま》にぶち当たって破ったり、柱をかじったり、しぐさがなにもかも物珍しく、かわいくて、新鮮だったなあ。

　僕が子どものころ、実家の犬は外につながれていたので。

養老　昔は飼い犬っていえば、番犬だったから。

近藤　しかし、レディがいると部屋はメチャクチャとっちらかる、粗相

レディはうちで5回出産、長女は生まれた子犬たちに夢中でした。

もする。家の中で犬を飼うってことは、部屋が犬小屋になることなんだと思い知りました。

40匹ワンちゃんを産ませて、名づけ親に

養老　そして大人になるといっぱい産んだんですね。

近藤　中でも初めてのお産の時は入れこみました。当時は超音波検査のハシリで、それをアメリカで習ってきて広めたのが僕の後輩。それで産まれそうになった時、夜中に彼のところに連れていって、出産前検査をしてもらったら「お腹に5〜6匹ぐらいいる」って。

で、お産が始まって、6匹ほど出てきたから「ああ、これで終わった。さあ寝よう」って、みんなで寝たら、次の朝、また3匹ほど増えてたんです。「超音波、あてにならないね〜」って冷やかしたんだけど（笑）。

養老　そのあとも忙しそうだ。

近藤　とりあえず血統書を作るのに、まず名前をつけなきゃならなくて。最初に生まれたのはAがつくアレックスとかアリス、次に生まれたのはBがつく名前って、アルファベット順に名づけていきました。

養老　またAに戻っちゃう。

近藤　いや、引き取り手が見つからなくなったこともあって、Eまでいって、産ませるのをやめたんですけど。まるちゃんの名づけ親は、お嬢さんですか？

養老　そう、前にも言ったけど、娘がブリーダーのサイトで見つけた時、パッチリした目でカメラを見据えて「なにか？」と言いたげで、その丸い目にひとめぼれしたんだそうです。

近藤　ボビーは「ボーちゃん」って言いやすいせいもあって、なんとなく気に入って先代と同じ名前にしました。

木登りする猫、寝てる猫。みんな違って、みんないい

養老 まるはよく縁側に寝っ転がって、やってくる虫や鳥を眺めてますよ。実は意外に賢いのかな。無駄なエネルギーを使わない分、物事をよく観察してるのかもしれない。

近藤 猫ってふつうはよく、虫や鳥を追いかけてますよね。

養老 先代のチロは、しょっちゅう木に登っては鳥を捕ってました。お寺の屋根から下りられなくなった話はしたけど、裏山から帰れなくなったこともあったな。向かいのワタナベさんちの猫とよくつるんで裏山に登ってたんだけど、ある日、チロがいないんだよね。ワタナベさんちは帰ってきたのに。

夜中になったら裏山でニャーニャーって声が聞こえるから、「チロのやつ、帰れなくなったんだ」と思って、懐中電灯を持って迎えにいってやったのに、逃げ

やがるんだ。バカだね（笑）。

近藤　しかしまるちゃんは…。

養老　チロみたいなことは絶対しません。一日の中で寝ている時間が圧倒的に長くて、虫捕りにも興味がない。ハチや蝶《ちょう》が飛んできても、チラッと目をやるだけで。

近藤　木にも登らない。

養老　要するに、自分の手の届く範囲でしか獲物を捕らない。珍しくヘビを捕まえたことがあったけど、あれも、たまたまヘビがそばを通りかかったんでしょ。たま〜に鳥を捕まえるんだけど、それも半日でもジーッと動かないでチャンスをうかがって、パッと捕る。あのしつこさはすごい。でも、まるに捕まるなんて、相当鈍い鳥だよね。どのみち自然界では生きていけなかったでしょう（笑）。

近藤　あ、まるちゃんが走ってる。

養老　おっ、今日は珍しく働く気になってるのかな。だけど猫って、模擬的に走るんだ。用事があるフリしてさ。

たまに鳥を捕るフリもしてるけど、あの図体《ずうたい》でダダダッて走ってもね。まるはまた足音がすごいの。よたよたドタドタ。あんなにうるさいとネズミも捕れんわ。

動物はいい。気持ちが休まって

養老 うちではずっと日本猫しか飼ったことがなくて、まるは初めての洋猫なんです。日本猫の方が感受性が鋭くて、洋猫はバカというか、鈍い。

でも、その鈍さがいいいんだな。

以前ノラ猫がうちに入ってきて、まるのエサを食べてたんです。そこに僕とまるが入っていったからあわてて逃げたんだけど、ノラが出ていってしまってから、まるがフーッて背中を丸めて怒りだした。もう遅い！（笑）。

近藤 人見知りもしない感じですね。

養老　むしろ人に好奇心があるみたいで、子猫の時から、じーっとこちらに目を合わせてきてました。きのうもNHKの人が3人きたら、なにするつもりだろうって、まるの方が調べてる感じでしたよ。

近藤　スコ（スコティッシュ・フォールド種）は人なつっこいというから、遺伝的なこともあるのかな。

養老　どうなんだろう。猫のほかにも家ではサル、犬、大学ではマウスやウサギや、ジャコウネズミ、トガリネズミ……いろいろ飼いましたけど、動物はいい。気持ちが休まって。

近藤　「あんまり甘やかすと、本人が将来、苦労するから」みたいなことも考えなくていいし。

養老　もうかった、損した、出世した、成功した、失敗した……、そんな人間社会の価値観も、全く関係ないでしょう。

近藤　自分の子だとつい「こうなってほしい」と期待して、はずれたりするとがっかりしちゃうけど、動物はどんな性格でも、なにをやらかしても「しかたないや」

って、笑って許せる。

養老 どこまでいってもヒトとは違う。そこがいいんでしょうね。

近藤 一番いいのは、理屈がないところ。なにしろ言ってることがわからない。ニャアだけだもん。怒るとフーッとか言ってるけど、まるはめったに怒らないし。

養老 ボビーもお腹がすくとクゥーって、ひもじそうに啼くだけで、めったにワンとも言わないですね。

近藤 ボビーはなんでも食べますが、まるちゃんは…?

養老 いろいろだなあ。女房がいると、鶏肉を食わせてます。

きょうは、まるは6時に僕を起こしてエサをもらって、それからまた寝てました。少しかまったら目が覚めたらしく、外にふらっと出かけて、帰ってきて。女房がお茶のお稽古をやっている日は自分も参加して、茶室のまん中にドテーッと寝っ転がるから、そのうち邪魔だって女房が抱いてくる。これがまるの日常です。

こう生きられりゃ、いいよなあ。

近藤 あるがままに。

養老　要するに猫は、必要なこと、やりたいことだけやって無理がなく、フツーにしてる。僕もそうできりゃ苦労はないけど、まるにはとうてい及びません。

言葉がいらない。こりゃラクです

近藤　しかし「ペットに言葉がいらない」っていうのは、本当にありがたい。

養老　こりゃラクです（笑）。現代社会で疲れることのひとつは「常に人の言葉に反応しなきゃいけない。人の言い分をいちいち聞いて、こちらもくだくだしく、言葉で説明しなきゃいけない」ことでしょ。

近藤　テレビのワイドショーがいい例。映像はあっても、できごとのほとんどが言葉で伝えられて、それにまた言葉で反応してって、えんえんと続いていく。観客の方も、笑ったり驚いたり「エーッ」って言ったり、実によく反応してね。

ラジオは、無音状態が15秒続いたら「放送事故」になるそうですね。

養老　現代人はそうやってずっと言葉に反応してるから、疲れちゃう。動物は話をしないから、こちらはひたすら想像力を働かせるでしょう。そんな機会、人間相手だと、言葉の通じない外国人に会った時ぐらいだから。

近藤　「お座り」と言われた時も、犬は人間のしぐさや音声に反応してるわけで。

養老　「お座り」じゃなくて「リンゴ」でも「カボチャ」でもいいんだよね。犬が反応してるのは、言葉じゃなく「人間の、音声も含む呼びかけという行為」だから。犬は人それぞれの声の高低を聞き分けられるから、お父さんが言う「お座り」と、子どもが言う「お座り」は別のものとして受け取っているんです。

近藤　人間の赤ちゃんもそうらしいですね。

養老　赤ちゃんのうちは音の高さを区別してるけど、言葉が使えるようになると、その区別ができなくなる。逆に言えば、言葉を使いこなすには、声の高低がわかっちゃいけない。だれが言っても「お座り」は「お座り」と認識できないと、言葉を共通項にしたやりとりが成り立たないんです。

近藤　ただ欧米に比べると、日本人は今もわりと、言葉でなく「あうんの呼吸」や

養老　「以心伝心」で動いてるところもありますね。

特に長年、一緒に暮らしてる夫婦なんて、お互い言葉の中身なんかよく聞いてないけど、相手の言いたいことはわかるし、わからなくてもどうってことない。家族の間では、むしろそういうやりとりの方が多いでしょう。

動物とヒトは言葉が通じないからこそ、すぐに長年暮らした家族みたいになれるのかもしれない。

近藤　俳優の緒形拳《おがたけん》さんは、肝臓がんのことを家族以外には伏せて、仕事を続けたいからって手術も抗がん剤も拒否されたそうです。

最後のテレビドラマの地方ロケの時は、現場の近くに一軒家を借りて、愛犬と寝泊まりして、よく犬に話しかけていたと聞きました。いちいち反応する人間としゃべるよりも、心が落ちついたんだろうなあ。

不眠症の「ああ言えばコンドウ」時代、2匹の犬に癒やされた

養老 だいたい人間は、なんでも理屈でしょう。どうしてそうするんだ？　しないとこうなるから具合が悪い。じゃあこうした方がいい。そしたら今度は別のところがおかしくなったから、こうしてみるか…ってね。

医療の分野では、医者たちがそれをした結果、患者さんが管だらけにさせられてるわけです。

近藤 がん治療も、見てもいないのに「がんはほっとくとすぐ大きくなって転移する」って決めて、手当りしだいに臓器を切ったり抗がん剤でたたいたりしてる。その結果、どれだけ患者が苦しんでも命を縮めても、医者は知らんぷりです。

養老 そっとしておくと大きくならなかったり、消えてしまうがんが山ほどあるのに。生きものの体は、原因と結果の関係が、「ああすればこうなる」みたいな単純

なものじゃないからね。体は理論どおりに動かないから。

近藤 ただ「がんもどき論争」のころは医療界全体が敵で、絶対に負けるもんかって徹底的に理屈をこねましたから、「ああ言えばコンドウ」とあきれられて（笑）。

養老 しかも、籍をおいてたのが慶應病院でしょう。東大もそうだけど、なにかといえば「ともあろうものが」って世間でいわれる組織って、窮屈なんだよね。

その中にいるだけで、無言のプレッシャーをいろいろしょってる

マリンと初代ボビーは母子なんだけど、あまり仲はよくなかった。でも僕はこの2匹に救われました。

から。

近藤 闘争ホルモンが出っぱなしだったみたいで、20年近く不眠症に悩まされました。あの時期、うちに犬がいてくれて本当に助かった。論争でいちばんカリカリしていた時に飼っていた2匹の犬は、マリンと初代ボビーの母子。
僕が寝る時、夏は頭の両わきに1匹ずつ陣取って、冬になるとそれぞれふとんに入ってきてた。夜中にふと目がさめた時、温かい生きものに触れると心が落ちついて、また寝つくことができました。

犬のルーツは猟友オオカミ。猫はネズミ番。持ちつ持たれつ

近藤 犬猫を、人間はいつから飼い始めたんだろうと思って調べたら、犬は西洋でまずオオカミを飼い慣らしたんですね。
最初は人間がオオカミを食べていて、そのあと狩猟の相棒になった。西ドイツ

の遺跡から、1万4000年前の犬の化石が見つかっています。狩猟の時、オオカミは獲物を捕るし、敵には吠《ほ》えてくれる。オオカミの方も、人間と組んだ方が獲物を捕りやすいし、残飯ももらえます。

お互い便利な関係で、オオカミの中でも人なつっこいのが人間に飼われていったようです。だから今でも人間と犬は、「一生、仲間」みたいなところがあるんじゃないかな。

養老　猫も、最初は実用品だったでしょ。

近藤　聞きかじりですが、紀元前に中東のリビアあたりで野生の猫が狩猟の対象になって、最初はやっぱり人間が食べていた。農耕が始まると、穀物をネズミが食べるんだけど、猫を飼うとネズミだけ食べてくれる。「これは便利だ」ということで、共存を始めたみたいです。

養老　持ちつ持たれつ。

近藤　猫をペットとして飼い始めたのは古代エジプト人で、ある神殿で発見されたレリーフに残された猫が、現在知られている最古の飼い猫だそうです。

人間がメロメロになって「猫かわいがり」する理由

養老 サルが猫をかわいがるのを見ると、猫は最初からペット性があって、実用だけではなかったのかもしれません。

近藤 目が大きくて、体がやわらかくて、動きがしなやかで、猫はとにかくかわいいから。

養老 子猫は特にね。猫はもともと社会性がなくて、大人になると「独居性」が強くなってひとりになる。それを人間がずっと飼ってきたのは、「子ども」の性質を人間が引きのばしてきたことが大きいと思うんです。

近藤 「猫は飼い主に対して子猫のようにふるまうように進化し、人間の側は赤ちゃんをかわいがるように猫に接している」という分析もあるようですね。

養老 それで人間はメロメロになって「猫なで声」を出したり、「猫かわいがり」するのかもしれない。

近藤 人間に甘えない猫は、追いだされて。

養老 あるいは、独居性の強い猫はすぐ出ていって、いつまでも甘えが抜けないのだけを残してかけ合わせてきたから、猫は人間と上手につきあえるようになったとも考えられる。

近藤 「猫は家につく」というのはどうなんでしょう？

養老 うちの猫は、完全に人についてます。チロの時は鎌倉市内で引っ越したから、最初の日は「もとの家に帰っちゃうんじゃないか」って心配で。それで家の戸を全部閉めておいたのに、いなくなっちゃった。
そしたらチロは、押し入れのふとんの中にいたんですよ。なにも見えなくて、においがもとのままだから、今までの家と変わらなかったんだね。次の日の昼間、ちょっと外に出したらもう2匹ネズミを捕ってきたから、環境が気に入ったんだなと思って。だから、人につく猫もけっこう多いんじゃないの。

泥棒には吠えず、山ではりきって鳥を追うコッカー・スパニエル

近藤　養老先生は、犬も飼われたことがあると…。

養老　僕が高校生のころうちで飼ってたのは、メスのコッカー・スパニエルで、母親がもらってきた犬でした。サルもそうだったけど、いつも家族が動物を連れてきて、僕が面倒をみさせられてた（笑）。

そのコッカーは、経団連の事務総長が飼ってたんだけど、泥棒が入った時にぜんぜん吠えないからお払い箱になって、「血統書つきだから」って言われてもらってきたんです。しかし、どう見てもバカな犬でね。

姉が、やっぱり血統書つきのオスを探してきてかけ合わせたら、子どもを産んだんですよ。晩めし食ってたら、なんか犬小屋の様子がおかしいから行ってみた。そしたらもうすでに2匹生まれてた。でも、母犬が羊膜《ようまく》をはがさないものだから、

すでに死んでたの。冷たくなって。

近藤 羊膜を破ってやらないと、子犬は呼吸ができないから。

養老 それで僕が急遽《きゅうきょ》、産婆をやったんですよ。なんでこんなバカな犬を飼ったんだろうと思いながら。そのあと3匹産みました。

ところが、その犬を山に散歩に連れていったら、バーッと走って竹やぶから鳥を追い出した。あ、コッカーは鳥猟のための犬なんだと、やっとわかりました。猟犬をペットにしたらかわいそうだよね。

近藤 犬はそれぞれ、目的があって改良されてきてますからね。

養老 僕は、日本の犬は、あまりにペットになりすぎてると思ってます。犬が実用化されてなくて、全部つながれてるから、最近サルとかシカとかイノシシが自由気ままに里に出てくるんだよ。ノラ犬がいたら、絶対出てきませんよ。

テレビで見たんだけど、日光のおみやげやさんの商品をサルが持っていっちゃうから、いろいろやってみて、一番効いたのは、木彫りのシェパードだったって。木彫りでも、サルは犬がいやみたい（笑）。

近藤　シェパードとオオカミはよく似てますからね。

養老　昔から「犬猿の仲」っていうけど、サルってホントに犬が嫌いなんだよね。

犬猫の「しっぽ」が語る改良の歴史

近藤　しかし、犬がみんなオオカミから出てるなんて信じられない。大きいのから小さいのまで体形はいろいろだし、顔もオオカミそっくりなシェパードから、似ても似つかないブルドッグまで千差万別でしょう。

養老　犬はあれこれかけ合わせて、改良に改良を重ねてきてますからね。

近藤　ビーグルのしっぽの先が白いのも、猟の時に、ヤブなんか走っていてもわかるように改良されたようですね。あと、キャンキャンよく啼くように改良してあるとか。特にイギリスで盛んに改良されたようです。

一時期、牛と犬を闘わせる見世物がけっこうはやって、そこで使われてたのが、

養老　獰猛《どうもう》な血を引いてるブルテリアやピットブル。いまアメリカで飼ってる人が多いけど、統計に出てるだけでもこの20年で238人も、飼い主たちが愛犬に殺されてる。養老先生がおっしゃったように、もともとペット用に作ったわけじゃないから、無理があるんですよね。

近藤　闘犬だからね。

養老　日本猫が入ってきたのはいつごろなんだろう。お米を作り始めてからかな。

近藤　洋猫のしっぽは長いけれども、日本猫のしっぽは短いでしょう。

養老　ボブテールって呼ばれる、ぼんぼりみたいなしっぽですね。

あの短いしっぽも遺伝的なもので、尾骨《びこつ》が複雑に曲がっているせい。人間にもしっぽの骨があるけど、それは短くて、前に向かって曲がってる。背骨は脊椎《せきつい》動物の基本だけど、しっぽはその先の方だから、多少形が変化しても、生きていく上での不自由はないようです。

近藤　ただ猫のしっぽの役割って、けっこう重要ですよね。

養老　そうそう、高いところに上り下りしたり、跳ねたり、うまくバランスをとるためにあるから、理想としては、長くてまっすぐなしっぽがあった方がいい。敏速に動くかどうかで生死が分かれるような場面では、しっぽが短いと不利になる。日本猫は、しっぽから見ると退化してることになる。

近藤 日本猫は独特の進化を遂げたようですね。

まるがクニャッとしたテディベアのように座る理由

養老 あと、犬も猫もそうだけど、改良するほど病気が多くなるでしょう。まるは、座り方がクニャッとしたテディベアというか、はく製のモモンガというか、ふつうはありえない姿でしょう。これは人間でいうと「先天性股関節脱臼《こかんせつだっきゅう》」、股関節がズレたり、はずれたりする病気で、関節を形成する軟骨どうしがうまくかみあっていないんだな。

近藤 「スコ座り」っていう言葉もありますね。スコティッシュ・フォールドは、足の関節がはずれていることが多いというところから。スコの歴史を調べたら、まだ50年ぐらいしかたってない。

養老 この種の特徴は、折れ曲がった小さな耳でね。ルーツはスコットランドで突然変異として生まれたメス猫だそうです。

近藤 スージーちゃんっていうのが祖先みたいですね。

スコットランドの農家に折れ耳の猫が迷い込んで、子どもも折れ耳だから「そういう遺伝子を持っているんだ」って、アメリカン・ショートヘアなんかとかけ合わせて生まれた種。

養老 ところが繁殖が始まると、折れ耳ネコの前足やうしろ足の骨に異常が見られるようになったんです。いまは骨の成長に関して、この種に特有の遺伝的な問題があるらしいといわれている。

うちの娘がまるを引きとった時、ブリーダーから「この種は将来関節に障害が出る場合があるので気をつけてください」と言われたそうです。さっきも言ったけど、まるは歩く時もふつうのネコみたいに「足音をたてずしなやかに」っていうのができなくて、ドテドテ歩きます。

近藤　犬も同じで、今ある純血種（同血族内交配）って、ある意味でみんな、人間が作り出した奇形で、小型犬は特に、奇形の度が激しくなりますね。もとの大きなオオカミを小さくしていくプロセスで、いろんなところにガタがきてしまう。
　ボビーも走りかたがね。本当は4本の足がバラバラに動かなきゃいけないのに、後ろ足を両方一緒にして地面を蹴ってる。なにか関節がよくないんですね。

人間ひとりで生きるより手のかかる相手がいた方がいい

近藤　ひとり暮らしの日本人が増えてるけど、ペットはいい相棒になりますよね。

養老　横浜市でも、単身世帯が4割を超えてる。もうそこまでいってるのかって、びっくり。

近藤　東京都は単身世帯が全世帯の半分以上になって、一生結婚しない日本人も、男性は5人にひとり、女性が10人にひとり……。

養老　若いうちからひとりだと、ますますひとり暮らしが増えるから、日本の単身世帯率は、きっと世界のトップですよ。

近藤　40才まで一度も結婚したことがないと、ほぼ一生独身だといいますからね。

養老　僕からすれば、人間はひとりで勝手に生きるんじゃなくて、動物でも人でもいい、だれかと生活を共有するのが当たり前のことだと思っています。

近藤　いやおうなく、なにかしなきゃいけない相手がいた方がバランスがいい。

養老　ひとり暮らしならなおさら、ちょっと不便で手のかかる生きものがそばにいた方がいいですよ。

エサ出し機でいいの（笑）。面倒で邪魔なものって、けっこう大事なんですよ。

イギリスの「おみおくり」映画にも独居老人と飼い猫の話が

養老　きのう『おみおくりの作法』という映画を見たんです。いかにもイギリスらしい、とってもいい映画で、その冒頭も、独居老人と飼い猫の話でした。

近藤　日本でも、ひとり暮らしでずうっとペットと一緒にいて、人との交流はほとんどないという人が増えていますよね。

養老　おみおくり映画の主人公は、ロンドンの民生委員でね。ひとり暮らしの年寄りが死ぬと、身寄りを探したり、お葬式をする仕事を長いことやってる。

あるおばあちゃんが死んで、日記が出てきたら毎日毎日「きょうスージーの好きなお魚を買いにいった」って、スージーのことしか書いてない。それ、飼い猫の名前なんです。ひとりも身寄りがいないのに手紙が出てきて、その文面も「素敵なプレゼントありがとう。スージーより」って。

近藤　猫になって自分に手紙を出していたんだ。ペット依存はよくないと言う人もいますが、ひとりぼっちでだれとも口をきかないよりは、はるかにいいでしょう。

養老　そうですね。映画では、猫が通りに出てきたことから、飼い主が死んだことがわかる。

日本も欧米も含めて、先進国はみんなそういう感じになってきてるでしょ。おそらく、中国、タイ、ベトナムも間もなくそうなる。同じように高齢化して、人口は減ってきてるから。

近藤　おみおくりの人手やお金は、足りなくなる一方で。

養老　映画の民生委員は、クビになるんだよね。彼ひとりしか立ち合わない時も、いちいち神父さんを連れてきてちゃんと葬式をするものだから、「緊縮財政なのに、カネがかかってしょうがない」って文句言われて。

近藤　日本ではすでに、関東に住む人のおみおくりの5件に1件が「直葬《ちょくそう》」になってるって聞きました。亡くなったらそのまま火葬場に運んで、焼くだけ。お坊さんも呼ばないことが多いと。

今はみんな頭で考えすぎてヘンになってる

近藤 昔の日本には、男女はとにかく結婚しなきゃという社会通念とか、強迫観念がありましたよね。お見合いで、顔もあんまり見ないで結婚するとか。

養老 それがよかったんだよ。結婚なんて考えてするものじゃなくて、はずみだし、だれと結婚しても変わらないんだから（笑）。そんなものですよ。

近藤 僕も「あ、素直でかわいい子だな」って思った勢いで学生結婚を（笑）。

養老 今はみんな頭で考えすぎて、ヘンになってるんじゃないかな。この年になって、人間はやっぱり、だれかとのかかわりで成り立ってる社会的動物だなと、つくづく思いますよ。

僕がちっちゃかった時は、そこら中におせっかいのバーサンがいて、よく叱られてましたよ。

近藤　お見合いオバサンも、昔はいっぱいいたなあ。

養老　人生の目的はオーバーに言えば、世のため人のためでね、ひとりでいても、おもしろくもおかしくもない。

近藤　自分だけのためにつぶす時間もいいけど、それは寝てる時間と同じで、世の中のまん中に出しても意味がないと思う。

養老　バランスの問題もありますね。人間の歴史に「完全な個の状態」ってほとんどなかったのに、今は個がいきすぎて、ひきこもりの問題なんか出てきて。

近藤　そうです。一見ひとりでコツコツ仕事をしている人も、それができあがると最終的には世のため人のためになる。完全に孤独なわけじゃない。ところが近代社会は、「個を立てる」ことでそれを逆にしていった。「世のため人のため」の部分をすみっこに押しやってしまったんです。

人間は、だれかの役に立つと幸せを感じる、ということもありますね。動物に対する「ただかわいくて守ってあげたい、かまってあげたい」っていう気持ちも、人間、ほとんどみんなが自然に持ってる気がします。

あとやっぱり、ぬくもりかな。触るとあったかくて、なにかとても心がやすらぐ。身近に別の生きものがいて、こっちに好意を持ってくれてるらしいのがうれしい。そういう感覚です。

養老 かかわる相手として動物はいちばん害がなくて、お互いの人生が豊かになります。いないよりもいた方が、はるかにましですよ。

近藤 先代ボビーは未熟児で生まれて本当にちっちゃかったから、パジャマの胸の内側に入れて寝ていました。僕が寝返りをうつたびにツツーッてお腹をすべっていく感触を、今も思い出します。あれはなんともいえなかったなあ。

こう生きられりゃ、
いいよなぁ

僕と一緒だと、
まるはいつも行かないようなところにも探検に行くの。
僕がついてくるか、さりげなく見ながらね

しぐさを見てるだけで、
働く気が失せるよね

よく縁側に寝っ転がって、
やってくる虫や鳥をながめてますよ

机からちょっとだけ頭を出す、
これが得意なポーズ

「おひざで抱っこ」が
お気に入りです

「友」というより
「わが子」に近い

休みの日はボビーが寝ると
僕も昼寝したりして、
ずっと一緒にいます

やっぱり、ぬくもりかな。
触るとあったかくて、
なにかとても心がやすらぐ

「どの犬も性格が違うけど、
どんな性格でもかわいい」っていう
いぬバカです

第二章

ペットと人の医療

飼い主の弱みとペット医療

近藤　まるちゃんの体調がよくない時は、どうされてますか。

養老　僕は病院に連れていくのがいやなんだけど、女房は好きで、まるをよく連れていってます。

近藤　僕はこの40年間に犬を４匹飼ってきたけど、なにか症状が出ても、獣医に連れていったことがありません。

がんになっても、治療しようとは思わなかった。

初代のレディは乳がんでしたが、前にも言ったように、がんが見つかってから10年近く生きて、老衰で死にました。人間にたとえれば、乳がんを40年ぐらい放置したけど、がんでは死ななかったということです。

犬たちの体温や心拍なんかを測ったことも、一度もありません。そもそも僕は、人に対しても、犬猫に対しても、医療行為の価値をあまり認めていないから。

元気かどうかは見ればわかるし、ふだんの測定値はそれぞれ違うから、急場に測っても意味がない。ふだん測定しているヒマがあるなら、抱っこして撫《な》でてあげた方がずっといいと思っています。

養老 根本的に、犬猫は医療行為をありがたがらないし。

近藤 どういう医療行為も侵襲《しんしゅう》（痛み、出血などを伴う、生体を傷つける）行為で、人間がそれをがまんできるのは、「この注射を受けたらよくなるだろう」「この手術で寿命がのびるんじゃないか」と想像できるからですよね。

養老 動物にはムリ。

近藤 犬猫には考える力がなくて今しかないから、注射をされたりするのは拷問とか暴力行為でしかなく、「虐待されている」って感じしかないでしょう。だから獣医の姿を見ただけで怯《おび》えきってしまったり、治療のショックでグッタリしちゃう。予防注射をされて次に行く時には、ものすごくいやがるでしょう。

出るものは止めず、全部出しきる。これが基本

近藤　犬猫はよく食べたものを吐いたり、下痢をしたりしますけど、それもまずは自然に任せる気持ちが大切だと思います。体にとって悪いものを、外に出そうとする反射作用なんですから、止めてはいけない。いつでも水が飲めるようにしておけば、犬も猫も必要な時に飲んで、悪いものをどんどん排出します。

養老　出るものは出しきらないと。

近藤　発熱も、感染症の熱ならそのうち下がるし、熱があっても元気なら大丈夫。熱中症が疑われる時は、いつでも水を飲めるようにしておくことです。

養老　人間もペットも、最終的には自分で病気を治せるんですよね。ただ、外傷の治療は今すごくよくなっていますね。かなりのケガでも、うまくすれば、ほとんど跡形もなく治っちゃう。

近藤　人間もペットも、ケガをして痛がっていたり、骨折して足を引きずってたりしたら医者に連れていった方がいいけど、それ以外は、なるべく自然に任せた方が、穏やかに長生きできると思います。

食べさせるから本人も介護も大変になる

養老　人もペットも長寿になってるから、常識も社会制度もいろいろ変えなきゃね。こんなに年とった人が大勢いるのって、初めてでしょ。

近藤　いちばん大きいのは介護の問題だけど、大変になるのは、食べさせるから。本人に意志があればいいけど、ボケてなにも認識できない、言葉も交わせない、反応もないっていう、ほぼ植物状態でずうっと長生きさせられてますから。

人間も犬猫も、食べられなくなったら、水も飲まなければ数日でラクに死にます。なのに水だけじゃなくて栄養もあげるから、何年でも生きる。それをやめないとね。

養老　そういえば20年ぐらい前、タクシーの運転手が「うちのいなかじゃ、年寄りが脳卒中になったら飯は食わせないんだよ」って言ってた。

近藤　昔はそういう死にかたでしたよね。「安楽死」なんて言わずに、自然に任せて「食べられなくなったらおしまい」。欧米では今もそういう考えかただから、寝たきり老人はほとんどいない。

養老　日本では「できるだけのことをしてください」って家族が病院に言うから。

近藤　今、肺炎で死ぬ人が増えていて日本人の死亡原因の3位になっていますよね。

養老　ああ、誤嚥《ごえん》でね。

近藤　お年寄りの肺炎の7割以上は、誤嚥がらみです。食べる力がなくなっているのに流しこむから、むせたりして、水や食べたものが肺に入りこんでしまう。
寝たきりのお年寄りの胃に穴をあけて栄養を入れる「胃ろう」が問題になって「やっぱり口から食べさせよう」ってことになったせいで、介護士の負担がすごく増えています。食べさせるから、患者本人も介護する方も大変になる。

生き残る方が、世間になにか言われるのを嫌う「伝統」

養老　でも日本人は、世間になにか言われるのを、生き残る方が嫌うから難しいでしょう。「あんな扱いをして」って言われたくないというのが、伝統だから。

近藤　解剖の場合も、献体の1割が「不献体」に変わるんです。本人が書類を書いて、身近な人のハンコをもらっていても、親戚がひとり文句言うとダメになる。

今まではそれでなんとかやってこれたけど、もう従来型の介護は、人手がなくて無理でしょう。

養老　100才まで生きる人が、もうすぐ何十万人になるんだから。

近藤　ひとつ言えるのは、口もきけなくて、自分で口をあけてるかどうかもわからなくなってる人に食べさせるのは、本人の尊厳を傷つける。本人のことを考えたら、そんなことできないはずなんです。

この前、講演会の時、介護にたずさわっているナース百何十人に「あなたがたがやっている介護を、自分だったら受けたいか」って聞いたら、受けたい人はゼロでした。自分たちはボケて食べられない人に食事介助をしているけど、自分たちにはやらないでくれって。

養老 全員がやってほしくないことをやってるのが、今の介護なんです。

親の姿を見て育った子どもたちもまわりの目を気にするから、なかなかね。日本には「死んだら世間から出る」約束があって、すぐ仏になっちゃうでしょう。死んだら資格を失う会員制クラブだから、生き残ってる方が大事なんです。

近藤 まあ、それはそれで「最後は無理に食べさせない」ってみんなが思えば、会員の合意ができるから、僕はそんなに心配してないけど。

これも最後は、なるようにしかならないですね。

飼い主の老いとペットの看取り

近藤　ボビーがきたのは最近ですから、「もし、われわれが先に死んだら」ってあれこれ考えました。娘があとの面倒みてくれるっていうから、飼えたけど。

養老　僕もまると寿命競争です。

近藤　ペットと死に別れたあと、次を飼えない高齢者って多いんですよね。

養老　ボビーを連れて歩いてると「その年でよく子犬を飼えましたね」って言われることがあって。そういう人はきっと「自分はあきらめてるのに、なんでコイツは」と思ってるんだろうな。

養老　システムを変えないとね。

近藤　そうですね。高齢者も飼いやすいシステムを作った方がいい。子犬から飼うから無理があるわけで、7才過ぎた成犬を飼うとか。保護センターにいる犬は、成犬の方が処分されやすいから、それを引きとるとか。

犬の里親制度も出てきてますよね。でもやっぱり、子犬から飼いたい人が多いだろうな。

養老　飼い主とペットが一緒に年をとると、ペットの介護の問題も出てきますね。

近藤　でも、人間と比べたらペットの介護はそんなに大変じゃないです。先代ボビーは衰えてから1年ぐらい、体を支えて排泄《はいせつ》をさせたりしたけど、人間よりずっと軽くて小さいですから。

起きられなくなってからは、ごはんもそんなに食べられなくなって余命は短いし、見守っていれば最期まで苦しまない。そこで点滴栄養なんかすると、また長生きするかもしれませんけど。

雪の元旦、チロは外に這い出して死んだ

養老　チロが死んだ時は、18才でしたからね。だんだん食べられなくなってきて、最期の時は猫って、人がいないところに行くでしょ。

チロもやっぱり猫で、なにか感じたんでしょう。元旦で外は雪が降ってるのに「外に出る」って頑として聞かない。這《は》って出ていくんですよ。寒いだろうから

って、娘が一度うちに入れたけど、また出ようとするから、しょうがないって外に出しておいたら、そのまま……。

前に母が飼ってたシャム猫も、どこで死んだかわからないんです。

近藤 動物たちは死期を悟るのか、静かなところに行きたいのか、本当のところはよくわからないという説もあるようですね。

養老 なにか非常に異常なことが体に起きてるとか、これが最期ということは感じるんだと思う。

人間も、たとえば初めて狭心症の発作が起きたら、これは重大な病気だってわかるでしょう。動物も同じで、「これはいつもと全然違うぞ」って。

近藤 自然に任せておけば、治るものは治るし、治らないのは運命で、穏やかに死ねるんですよね。野生動物は弱ってくると食べなくなって、最期は身を隠してひっそり息絶える。人間は治療するから、のたうち回って死ななきゃいけない。

養老 しかし人間は治療をしたがるね。ちょっと風邪をひいたぐらいで、東大病院にやってきたり。あんなもの、ほっときゃ治るのに。

近藤 安楽死の問題もありますね。少なくともペットに「安楽死」という概念は必要ないだろうと、僕は思っています。

ただ、犬猫もがん治療をしたりすると、最後、苦しんで安楽死が必要になると獣医たちが言ってます。治る見込みがなく、痛がったり苦しんでいる時は、ペットの安楽死を考えてもいいかもしれない。

養老 ペットロス（最愛のペットを失うことからおきる無気力やうつ状態）のことも、最近よく話題になってますね。

近藤 ペットロスは、介護期間と反比例する気がします。介護した時間が短いほどさみしさが大きいんじゃないかな。ボビーを産んだマリンは11才の時に、たぶん子宮《し》蓄膿症《きゅうちくのうしょう》っていう病気で突然、子宮から大出血。迷ったけど獣医には連れていかなかった。出血からほぼ1日で、亡くなりました。

ワイフの岡山の実家に連れていってた時だったから、近所の大工さんに、裏庭の柿の木の下に穴を掘ってもらって埋めました。掘ってもらう間、マリンを抱いてずうっと大泣き。でも、もう1匹いたから、さみしさはやわらげられました。

ペットのがん治療は、アバウトすぎる無法地帯

近藤　今、日本人の2人に1人ががんにかかり、3人に1人ががんで命を落としてますけど、ペットも同じ。アメリカでは飼い犬の2匹に1匹、飼い猫の3匹に1匹ががんにかかって、犬猫の死因のトップになりそうです。

養老　寿命がのびるほど、がん死が増えるから。

近藤　細胞分裂を繰り返す中で、遺伝子のいくつかに傷がついて正常細胞がちょっと変化したのががんで、本質は老化現象ですからね。

養老　治療は、ペットも人間も同じような感じでしょう。

近藤　そうですね、手術、抗がん剤、放射線の「標準治療3点セット」も含めて、人間と全く同じことが行われています。街の動物クリニックで紹介状を書いてもらって、獣医学部付属の大学病院に駆けこむ飼い主もいるし。

養老　いろいろありそうだ。

近藤　ペットのがん治療は一種の無法地帯です。人間のがん治療もインチキが横行していますが、ペットはもっとひどい。単に「人間と同じでいいだろう」というアバウトな考えの動物病院も多いです。

養老　訴えられる心配もないし。

近藤　医療ミスがおきた時、患者が人間だと致死罪に問われるけど、ペットは器物損壊罪にしかならない。獣医が刑事告発されたなんて、聞いたことないです。

人間みたいな健康保険もないから、初回に18万円も取られた上、その後もくり返し治療を受けさせられたりするハメになる。某大学病院のペット治療案内には、「放射線＋麻酔」の治療費が5回以下でも10万円から15万円、20回前後なら40万円と書かれています。

養老　犬猫はジッとしてないから。

近藤　そうなんです。ペットの場合、放射線、ＣＴやＭＲＩ検査、ぜんぶ「全身麻酔で」となる。治療や検査のたびに全身にかけられたら、麻酔で死ぬリスクが高まる一方です。

だから放射線をかける回数が、人間よりかなり少なくなってる。もっと当てなければ、治療の意味がないのに。

養老 いやはや。

近藤 骨肉腫《こつにくしゅ》で、首や肩が腫れている猫の相談を受けたことがあります。獣医にみせたら「がんだ、手術だ」と言われたそうですが、僕が「手術は虐待だと思う。自然に任せた方が元気に長生きできるし、猫ちゃん自身もラクですよ」と伝えたら「心が軽くなりました」と言って、帰っていかれました。

友人の猫はおなかにリンパ腫が見つかって、手術で取ってから抗がん剤治療をしたら、猫の体調がさらに悪くなった。それで抗がん剤をやめたら元気になって、何年も生きたそうです。担当の獣医は「奇跡だ」と言ったそうだけど、僕は「リンパ腫」っていう診断からして、あやしいと思っています。

愛するペットにできるだけの治療を？ カモにされますよ

近藤　最近はペットの医療もサギ的になっていて。人間の医療と同じで、「愛することの子のために、できることはなんでもしてやりたい」という、飼い主の気持ちにつけこんでいます。抗がん剤とか免疫療法とか、なんの効果もないのに、100万円ぐらいすぐ飛んじゃう。

養老　飼い主は、いてもたってもいられないんだろうね。

近藤　無意味な代替療法やサプリがはびこっているのも、人間と全く同じです。動物クリニックのホームページを開くと、温熱療法にオゾン療法、高濃度ビタミンC点滴に活性リンパ球療法、さらに漢方やサプリメントって、人間社会のパロディかと思えるほど、根拠なし、意味なし療法のオンパレードです。

養老　飼い主も高齢化してるし。

近藤　そうなんです。ちょっとボケが入って判断力が鈍ってることもある。それでいてお金は持っているから、動物病院のいいカモです。

今、日本にいる2000万頭ぐらいのペットのかなりの部分は、高齢者が飼っているわけで、「最後のペットだから」っていう執着も強いから、その子が現実にがんにかかって、耳元で「いい代替療法がありますよ」なんてささやかれたら、たちまち引っかかって、簡単にお金を巻き上げられてしまう。

最期は手をかけるほど苦しむ。自然に任せよう

養老　ペットを大事にしすぎてる面もあるでしょう。

近藤　そうですね、ペットの治療や介護を、重大に考えすぎているところもありますね。僕が子どものころは、犬は外にずっとつなぎっぱなしで、フィラリアもあったから5〜6年で死んでました。

野生の犬や猫も、人間がエサをやらなかった時代の寿命は、わずか3年から5年くらい。だから早くに産み始めて、しかも一度にたくさん産んで、子孫が絶えないようになってました。かつてはそれが当たり前だったわけです。

養老　ペットを手塩にかけるのはいいんだけど、最期のところはあんまり一生懸命にならないで、自然に任せた方がいいんじゃないかと思います。手をかけるほど犬猫は苦しむから。

近藤　獣医も、悪徳医だけじゃないと思いますけどね。

養老　そうですね。自分のペットに行う治療以外は行わない、という、良心的な獣医もいます。抗がん剤はやらない、とかね。ということは、手術はしているのかもしれないけど（笑）。

近藤　ある獣医は「少なくとも抗がん剤だけは避けた方が長生きできる。そういうデータを個人的にとってる」と言っていました。

養老　結局、治療をしてもしなくても、飼い主は後悔するでしょ。

近藤　獣医に言われるまま治療をしたけど死んじゃったとか、かわいそうだから安楽死させたけどよかったのかとか……。そういう気持ちは理解できますけど、最後にくよくよ悩んだり、後悔したりするのはよくないから、飼い主自身が自分の考えをしっかりと持つことですね。

認知症のお年寄りへの手術や胃ろうも虐待に近い

近藤 治療が虐待になりかねないのは、人間も全く同じです。

養老 特に高齢者はね。

近藤 認知症なんかで考える力の衰えた人に手術を強いれば、本人は「よからぬことをされている」としか思わない。おなかに穴をあけて胃ろうを作ったり、食べものを強引に口から流し込んだりするのも、虐待に近いですよ。

養老 しかし日本人は、10年ぐらい前に厚労省のデータを見せてもらったことがあるけど、死ぬ前の医療費がボーンとはねあがるでしょ。

近藤　香典医療という言葉がありますよね。

最近は医者が内視鏡を持って、施設にわざわざ胃がんの検診に出向いたりする。寝たきり老人に内視鏡を突っこむと、おもしろいようにがんが見つかって「即治療」という話になります。そして胃を切除されたりすると、手術に耐える体力がないから、バタバタと亡くなっていく。虐待行為の被害者という意味では、こういう言いかたは問題かもしれないけど、ペットと老人は同じなんです。

養老　確かに。

近藤　ボケや寝たきりのかなりの部分は薬害と、僕はみています。病院通いが日課になってるお年寄りは、薬を山ほど飲まされて、その副作用で無気力や食欲不振になったり、ふらついて倒れて寝たきりになったりしています。

特に80才、90才を超えてからうっかり医者にかかると、たいていなにか病気を見つけられて、治療されて、早く死んじゃう。

死とウンコを見えなくした現代社会

養老　僕が子どもだったころ、街にはお産婆さんの看板がいっぱいあって、「生まれるところ」は自宅でした。そして終戦直後、昭和20年代くらいまでは、東京都内でも7割以上の人が、自宅で亡くなってた。

今、家ではほとんどお産をしない。そしてこの半世紀で、日本人の9割前後が病院で死ぬようになったでしょ。病院から出てきて病院に帰るんだから、毎日の暮らしは「仮退院」ってことになる（笑）。

近藤　現代社会は「死とウンコ」を見えないようにして遠ざけているとおっしゃってますね。

養老　生まれることも、年をとることも、病気になることも、死ぬことも、排泄も、自分の意志ではどうしようもなく、勝手にそうなる自然現象でしょう。

近藤 自然とは「人の手が入っていないもの」ととらえていいですか？

養老 僕の「自然」の定義はかんたんで、要するに「人間が作ったものではない」もの。その意味で、草木だけじゃなく、人間や犬猫の体も自然です。脊椎ができてから5億年もかけて、やっとここまでひとりでに完成したんですから。

この「ひとりでに」が大事で、つまり自然とは「人間の思いどおりにはならないもの」なんだけど、人間は自然環境に手をつけて、さんざん変更してきたわけです。今、都会では人間の作ったものしか目に入ってこなくて、意識しない限り、自然に気づくことはない。それが「都市化」の宿命なんです。

近藤 同じように、生老病死という自然も見えないものにされてしまって。

養老 人間のふだんの生活から「生まれて死ぬ」という自然の過程が消えて、ふつうではない「非日常」になってしまってるでしょう。

まずお産が、日常生活の中に含まれない「特別なできごと」になり、年をとれば老人ホーム。病気になったら医者にかかり、重くなったら入院するのが当たり前、死ぬところも病院。

日常生活は健康で元気でまともな人が送るもので、健康が「当たり前」、生老病死は「不祥事」に変わっちゃった。

近藤 しかし人間は必ず死にますよね。

養老 そう。必ず来るものを遠ざけているって状況は、どこかヘン。葬式も変わって、昔は村でやったり、近所総出でやったりしていました。現在は企業が受けつけてる。社会的慣習が激動しているんです。

安楽死させた記憶はたまっていく

養老 20年以上前、オランダで安楽死を専門にやってる医者と『週刊朝日』で対談したんです。彼は哲学科を出たあと医者になった人で、自分の見たことを本にも書いてた。

安楽死をやってる医者は、ふつうの患者さんは診られない。殺す方と生かす方が一緒ではね。僕がいちばん気になったのは、自分でもそうだけど、事故で患者さんを亡くすと記憶に残る。安楽死は自分が手を下すわけだから、当然、記憶が蓄積していくでしょ。それを続けたらどういう心境になるのかを、知りたかった。

それで「10年たったらもう一度会いましょう」って言って、10年後に会って「その後どうですか」って聞いたら「あれから一切、安楽死はやってない」って。本を書いた段階でやめてたんです。

近藤 なかなか続けられないでしょうねえ。

養老 多くの人が、安楽死させる側のことを考えないんですよ。死刑もそうで、死刑を執行する人には非常に病む人が多いの。

近藤 だから銃殺刑なんかも、何人かで一斉にやりますよね。だれの弾によって死んだかわからなくして、撃った側の心を救ってる。

確か死刑のボタンも、何人かで押してる。

養老 新兵が最初に銃を撃つ時、50%ぐらいは空に向けて撃つと聞きました。それを、相手を狙えるようにするのが訓練だって。だから相手が目に見えないように空爆するとか、兵器がどんどん遠くなるんです。刀で斬り合うと全部、自分の記憶に残るから、宮本武蔵は67人斬ったのを、ちゃんと覚えていたんですよ。

愛犬が弱っていく姿を見かねて安楽死を考えた

近藤　それは、相手が動物でも変わらないでしょうね。

養老　感情的には同じじゃないかな。僕は自分の殺した動物を覚えてますもん。実験のためだけじゃなくて、さっき言ったサルとか。いかにも苦しそうで、家族もいやがるから注射したんだけど。感じかたはひとそれぞれですけどね。

近藤　レディは避妊手術をしていなかったせいもあるのか、7才の時に乳がんになりました。僕は人間のがんに対しても放置療法を唱えていますから、この時も「転移が出てきたら、それはそれで仕方がない」と腹をくくって、獣医にも診せずになにもしませんでした。

養老 最後はいかがでしたか。

近藤 最後の最後はがんが大きくなって、皮膚の表面で破れたりしたけど、17才まで元気に生きて、亡くなる時もほとんど苦しみませんでした。

ただ、死期が近づいてくると迷いが出て、前にお話ししたように、安楽死を考えたことがありました。

養老 薬で？

近藤 ところが、獣医に頼まずに自分で手を下すのは医者でも難しいでしょう。人間用の睡眠薬や鎮静剤を病院から勝手に持ち出せば、うしろに手が回ってしまうし。幸い数日後には静かに息を引き取ってくれました。

今思うと、安楽死を考えるなんて浅はかだったと思います。こっちは弱っていく姿を見かねたんだけど、ペットにとってはなにもされないことが自然で、それが彼らや彼女らの幸福だと考えたらどうかなと思います。

ワンちゃんも猫ちゃんも、医療行為をされなきゃ、おびえることも苦しむこともなく、静かに死んでいくことができるわけですから。

人間のがんでもペットのがんでも、この考えかたが社会通念になってくれたらいいなと思います。

この抗がん剤、いつまで?あなたが死ぬまで

近藤 セカンドオピニオン外来でよく聞くのは、「この抗がん剤、いつまで飲むんですか」って患者が聞くと、医者が「あなたが死ぬまで」って。もし「この人の命を短くしてる」と思っていたら、人間なかなか、そうは言えないと思うんです。

養老 自分を説得してるんでしょう。人間ってよくやるよね。アウシュビッツでユダヤ人を殺してたのも、単なる公務員ですから。ああいう状況を当然と受け取っていた人もいたし、フランクルが書いてたけど、気を病んで、ポケットマネーで薬を買ってた所長もいたって。

近藤　僕は医者になった最初のころは手術も抗がん剤も信じてたけど、「あ、患者さんの命を縮めてしまった」と思った瞬間に、次からいろいろなことが、できなくなっていきました。

養老　僕もインターンの時、治療の甲斐《かい》もなく患者さんがどんどん死んでいくから「いったいオレは何人殺せばいいんだ」と思って。

近藤　世間的には「一生懸命に治療してくれるお医者さんがいいお医者さん」で、医者も「病気を治すことが第一」という教育を受けてきてますからね。大きな病院になるほど、治療にのみ向かいやすい。

養老先生は、内科や外科に行くおつもりはなかったんですか?

養老　最初はあって、外科も一生懸命やりましたよ。いい先生がいて、手術の勉強もさせてもらった。その結果、僕は医者にはならないと思ったんです。こわくてできなくなった。だって患者は死ぬわけで、さっき話が出た安楽死の医者と同じで「いったい何人殺すことになるんだ。患者の死が自分の中で積み重なっていったら、オレはどうなるんだ。やっぱり相手は死んでる方がいいわ」と思って、解剖に進みました。

近藤 それまでの人生や教育で植えつけられたウソに、ある時気づいてしまうと、もうどうにもならなくなりますね。

養老 でも、そこからが大変で。ウイーンでは19世紀、産褥熱《さんじゅくねつ》（分娩《ぶんべん》時の傷からの感染症）で死ぬ妊婦がすごく多かった。それは医者が石けんで手を洗う程度で妊婦の診察をしてたせいで、手を消毒すればいいことに、ゼンメルワイスっていう医者が気づいたんです。

でも「今まで自分たちは間違った方法で妊婦をたくさん殺してた」ってことを、彼もまわりの医者も認められなかったから、後継者が引き受けるしかなかった。

近藤 ゼンメルワイスは最後、気がふれてしまって。

養老 彼はもともと相当変わってたみたいだけど、最後はますますね。とにかくそうやって、今までさんざん殺してきたことを「間違いました」って認められる人は、相当少ないんです。自分だけじゃなくてまわりも否定することになるから。

近藤 今の日本でも、同じことが続いていますね。

ペットにもひろがる健診の押しつけ

養老　僕は昔っから健診には行ってません。医者たちは、あんなもの役に立たないって、わかってるんだよね。だって、僕が現役だったころは、東大の医者たちだって受診率4割だったもの。

近藤　慶應も5割でした。最近は厚労省が100%受診を迫るから。

養老　なんで今、健診をあんなにうるさくいうんだろう。ほっときゃいいのに。

近藤　ひとつは、「100%にしないと気がすまない」という役人根性でしょうか。

養老　役人はどこの国でも、こうと決めたらかたくなで引かない。でないと組織にいられないから。そういう人は、根拠もなく無茶苦茶やるからこわいですよ。

近藤　言葉が通じないですからね。

養老　自分がなくなって、なにかに依存してあずけちゃってる人たちには、なにを言ってもしょうがない。これは古今東西、人類共通じゃないかな。

近藤　僕は終戦を通ってるからわかるんだけど、実はタテマエなんてひっくりかえっても、日常生活はビクともしないんですけどね。

国民に100％健診を押しつけてるのは日本だけで、個人を尊重してないなあと思いますよ。根拠がないとわかっているのに、国家的な制度にして。国民の病気は国家の問題だと思ってるのかな。よくわからないところがあります。

養老　最近はペットにまで健診させようっていう動きが出てきて。

いい点もあるんですけどね、一斉になにかやる時。震災の時なんかも、まとまりやすくて。日本って例外的なんですよ。島国だし、ひとつのユニットとしてやっていくのに、サイズがちょうどよくて。

「老い」は治らない。
人間60才を過ぎたら、治療は命を縮めるだけ

近藤　人間60才を過ぎたら、手術も薬も寿命を縮めるだけなんですけどね。

養老　そもそも「老い」は治らない。健康ブームだから、老人たちは治療したらもとの体に戻ると勘違いしてるでしょう。しかしそんなわけがない（笑）。
年をとったら病気の3つや4つ抱えているのが当たり前です。車だって中古というくらいですから、人間も中年になったら具合が悪くなります。
僕もいつも言うの。60過ぎたら病気なんか治るわけない、病院にばかり行くのは無駄。死なない人はいないんだから、過剰に不安を持っても仕方がないって。

近藤　養老先生は、愛煙家でいらして。

養老　むやみに吸うし、この一本一本が、実は棺桶《かんおけ》の釘《くぎ》だってことはよく知ってます（笑）。起こってくる結果は背負いますよ。体の具合が悪ければ、どっかで警告がくるでしょう。「がんになったら」なんてことも気にしてないです。それが手遅れならばしょうがない。歯医者で歯を抜いて、痛みどめや抗生物質をもらっても飲まないしね。痛みも生きてる証拠だから。
いっさい気にしてないから、丈夫なんだと思ってます。

目を見ない、聞く耳を持たない医者が急増中

養老　いま、聞く耳を持たないお医者さんが増えてるみたいですね。

近藤　目を見ない、顔を見ない、話を聞かないっていうね。がんなのに、主治医が2年間、パソコンばかり見ていて1回もこちらを見てくれない、とか。

養老　それで医者なんですかね。

近藤　基本的に医者って、人の話をよく聞かないと、なんの病気かもわかんないはずなんですけど。逆に、よく聞けば8割がたは診断できるのに。

乳がんの患者さんの、しこりにさえ触ろうとしない専門医もふえています。

だいたい患者さんの病気だけ診ててもしょうがなくて、どういう性格で、なにに悩んでるのかあたりまで含めて診なきゃいけない。なのに、データだけ見てる医者が多すぎます。「検査数値を下げよう」とか、「画像に病変があったら消えて

もらわなきゃ」みたいな即物的な感じになってる。

養老 僕が現役だった20年前、すでにそうでした。検査値を集めて、血圧が高いから下げようみたいな「数値を標準に戻す」診療になってた。

近藤 「なぜ血圧が高いのか」ってことは問わないの。僕は「体は必要があって血圧を上げてるんだから、薬で血圧を下げるなんて必要ない。体の声を聞いてみなさい」って、よく言ってました。

僕とおんなじこと考えてる人がいた（笑）。

ワクチンを打ったところに肉腫ができて、がんになる

近藤 犬のワクチンのことを調べてみて、へえーっと思ったのはね。僕は予防接種には連れていかないけど、ペットショップで買うと、生後2か月やそこらで混合ワクチンを打たれてるから、それはしょうがないとして。

さらに、法律上はいまだに年に1回、狂犬病のワクチンを打つことになってる。

養老 狂犬病なんて、今ないでしょう。

近藤 最後が人では1956年、猫で1957年だったかな、もう60年近く、日本では狂犬病は全く発生していないんですよ。イギリスやニュージーランドなどでは予防接種をやってなくて、日本でも必要ないのに、獣医と製薬会社のためにやってるような感じです。

養老 一度やりだすと、既得権を守りたい人がいっぱいいますからね。

近藤 今、接種率は40%ぐらいだから年間、何百万匹も打たれていて、農水省に届け出があるだけで、狂犬病ワクチンで毎年10匹ぐらい、犬が死んでますよ。人間の医療と同じで、実際はその何倍も、届け出られてない件数があるわけで。

養老 それに加えて、混合ワクチンでしょう。

近藤 そうです。犬も猫も混合ワクチンを打たれていて、これがけっこう死亡率が高い。届けられているだけで、犬も猫も年間10数匹死んでいるし、そのほかに障害を負っている犬猫も多い。

犬猫が1匹死ぬ陰で何十匹も死んでいる

近藤　「ハインリッヒの法則」っていう経験則がありますよね。1件の重大事故の背後には29の類似の事故があり、その背景には300の異常があるという。これは医療事故にも当てはまって、医療事故でひとり死ぬと、重大な障害を負っている人が29人、ニアミスが300人ぐらいいると考えられています。

養老　ワクチンの被害は、もっとひどいでしょう。

近藤　おそらく、1匹死んでる陰で何十匹も死んでるでしょう。ちゃんと届け出をさせたら、ワクチンで年間何百匹と死んでいるはずです。本末転倒です。

なにか役に立つならともかく、明らかに寿命を縮めるんですから。狂犬病でも混合でも「ワクチン関連がん」といって、ワクチンを打ったところに、がんの一種、肉腫ができる。それもけっこう頻度が高い。犬にも出ますが、猫の方が頻度が高いようです。

養老　それを知ったら、飼い主はあわてるでしょう。

近藤　欧米の獣医界では、この話はよく知られています。日本でも一部の獣医の間では問題になっていて、「打つにしても、ワクチンは1年ごとじゃなくて3年に1度、5年に1度でいいんじゃないか」って話が出てきています。

注射を足にするようになったのは、がんができたら切り落とせるから！

養老　免疫増強剤も使われてるし。

近藤　そうなんです。人間のワクチンもそうだけど、効果を高めるために、基本的にアジュバント（免疫増強剤）が使われ、その中にアルミニウムや水銀が入ってる。これが刺激になって肉腫を起こすと言われています。

結局ワクチンって、生きてるウィルスを入れるのならまだいいけど、たいてい

養老　ウィルスの死骸を入れますから免疫がつかない。それで、アジュバントで炎症作用をおこさせて免疫を増強する。ところが炎症がおきたところって、実はがんができやすいんです。炎症が、がんを引きおこす。

人間も、昔は「結核になるとがんにならない」と言われてたのは早死にしていたせいです。結核は肺の慢性炎症だから、実は結核で長生きした人は肺がんが出やすいことがわかっています。昔は、副鼻腔炎（蓄膿症）も多かったですよね。

近藤　青っぱなズルズル（笑）。

鼻の奥によく炎症ができて、子どもたちはみんな、青っぱながどんどん出てた。その炎症が、副鼻腔にできるがんの一因になってました。今は衛生状態も栄養状態もよくなったから、副鼻腔炎もがんも激減しています。

ペットに戻ると、最近は「注射部位に気をつけろ」と言われてる。昔は犬でも猫でも背中に打っていて、そこにがんができると切除しにくかった。今は「足に打て」。足だったら、がんができても足を落とすだけでいいという論理です。注射を打つと、それほどがんが狂犬病と混合ワクチンは別の足に打て、とか。

できやすいということです。

医療の主題は「痛みを取ること」。モルヒネは口から摂れば安全

養老　人間もペットも、医療の主題は「痛みを取ること」でしょう。末期の患者さんはたいてい「先生なんとかしてください。いまラクにしてくれたら、あとは死のうが生きようがいっさいどうでもいい」というところまでいってる。

近藤　世界中で使われてきた安全な痛み止めはアヘン、モルヒネですよね。西洋でも昔から、乳がんの治療にアヘンが使われていました。ところが使われなくなった時期があって、それで「がんは痛い」ということにもなったんでしょう。

僕の推測では、第二次世界大戦の時、アヘンを精製したモルヒネを注射にして使ったら重い依存症が出てきた。注射で血中濃度が一気に高くなると、気持ちがよくなって、依存するようになりますから。それで「モルヒネはこわい」ってこ

とになって、医療の場でも、何十年か使われなくなったんだと思います。

養老 そうそう、薬理の講義で教わったのは、モルヒネを注射すると中毒症状が出るけど、口から飲めば出ない。口から入れると「植物を食べること」になるから。そういうことには動物は強いんだな。

近藤 それがわかってきて、イギリスで1960年代から「モルヒネを飲ませりゃいいんだ」、と見直しが始まって、また世界で使われるようになりました。でも日本人にはいまだに「モルヒネはこわい」という思いこみがあって。

さっき、まるちゃんは「違いがわかる」という話が出ましたが、モルヒネを処方する時の適量も人それぞれで、ミリグラム単位で違いがあります。僕が慶應病院でがん患者さんにモルヒネを使っていた時は、粉末で1とか2㎎から始めて、少しずつ増やしていました。すると痛みがおさまり、吐き気も眠気も出ないところがピタっとわかる。

ところがモルヒネの粉末は安い。製品化すると1㎎当たりの値段が10倍にもなって製薬会社が儲《もう》かるから、10㎎とか30㎎とか、量が決まった錠剤が広く出回っています。1錠では多すぎて、吐き気が出たりする人もいるのに。

胃カメラを飲んだら急性ストレス性胃炎に

養老　今風の考えかたをすると、病気って「自分の病気」なんだけど、本当は自分の病気じゃなくて、たとえば僕が病気すると、女房がいちばんいやがりますよね。だから、僕の病気じゃなくて、あいつの病気なんだよね。

近藤　自分ひとりの体じゃない……。

養老　しょうがないから、胃の調子が悪かったりすると病院にいくんだけど。そうすると「胃カメラ飲むから朝めしは食うな」とか言われるでしょ。それに僕は医療行為は嫌いだから、緊張して胃カメラを飲むと「先生、急性のストレス性胃炎です」。当たり前だよって言ったの（笑）。

近藤　がんの治療も、本人はしたくないのに家族が「手術しろ」とか、「抗がん剤打て」って迫って、ぜったい許さないことがよくあります。

養老　今、日本では「自他」の考えかたがゴチャゴチャになってるでしょう。暗黙のうちに成り立ってる古い感覚と、明治からはいってきた「近代的自我」、人はひとりひとり独立だっていう考えが混ざりあって。

でも、みんなそれをはっきり考えてないですよね。

50代のころ「肺に影がある」と。その後、検査してません

養老　知ることとは、知識をふやすことだと考えられてるけど、そうじゃない。「自分が変わる」ことです。僕はよく聞くの。もし今、がんの告知をされたらって。

近藤　後頭部をガーンと殴られたようなショックだと、患者さんが口を揃《そろ》えますね。頭の中がまっ白になって眠れない、食べられない、なにも手につかないって。

養老　「あなた、がんですよ。もって半年です」と言われたらどうなるか。来年はもう

この桜は見られない、と思うと、桜が全く違って見えてくるでしょう。

近藤 そしてもう、去年まで自分はどんな気分で桜を見ていたのか、正確には思い出せない。確かなのは、がんの告知を受けて自分がすっかり変わったということです。本当の意味で「ものを知る」ことを繰り返すと、自分が次々に変わっていく。

養老 本当は、人間だれが先に死ぬか、一寸先は全くわからないんですけどね。

唯一確実なのは、全員100%死ぬってこと。来年11月の講演を頼まれて「生きていたらうかがいます」って言うとみんな笑うけど、来年のことなんてだれにもわからないよ。だけど、自分はいつどう死ぬかなんてほとんど考えてない。

近藤 養老先生は、肺に影が見つかったことがあるそうですね。

養老 50代のころ、X線を撮ったら影がでたからって、CTも撮らされました。でも、おそらく昔の結核のあとだろうと思って、それから検査はしないで放ってます。

近藤 画像診断の精度が高まるほど、がんの顔つきをした病変はいくらでも見つかるけど、いくら早期発見・早期治療しても、がんで死ぬ人は減らない。5年生存率が向上したというけど、無害なものを見つけ出して治療をして「治った治った」

って言ってるだけですから。

養老 まともに考えたら、すぐわかるよね。がんか、がんじゃないかってイエスかノーかの話になってるけど、生きものって「中間」があるんですよ。

でも、今の世界では、アバウトな返事は許されないから。

第三章

ペットと人の老病死

人もペットも寿命が大幅にのびて、さあ大変

近藤　人もペットも寿命が大幅にのびて、すでにいろいろ問題がおきていますね。前にも言いましたが、僕が子どもだったころ、犬は番犬として外で飼われていて、寿命は5～6才でした。ところが今は15才なんてザラ。猫もノラの寿命は数年だけど、飼い猫は20才を超えることも珍しくない。

養老　15年ぐらい前に亡くなったチロも、18才まで生きましたからね。

近藤　犬猫の1年は人間の5～6年に相当するから、18才の猫は90才の人間と同じです。犬猫にとって、生殖が終わる5才を超えたらあとは余生みたいなもので、人間と同じで余生がすごく長くなってる。

養老　感染症が減ったのも大きいでしょう。ただ、それが医療のおかげだって過大評価されてる。

僕はよく東南アジアの奥地に虫捕りに行くけど、ああいう地域では医療の限界がよくわかります。伝染病が治るのは最初だけで、やがて次から次に新しい患者が出てきます。結局は「臭いにおいはモトから」で、衛生条件を変えるしかない。

近藤 世界のデータを見ると、抗生物質も、できる前から結核患者が減り始めていた。

養老 治療って「結核菌をたたいた」というだけで、そのあとどうして結核が治ったのかには、医者は絡んでない。「体が勝手に治った」だけ。その因果関係を人間が把握するのは難しい。生物って複雑で、方程式にはできないから。

近藤 結核研究の権威が「日本の結核患者の激減はストレプトマイシンでも予防接種でもない。栄養の改善だ」と語っています。やっぱり「大気、安静、栄養」がいちばん大事です。

ペットの寿命がのびたのも、家の中で飼うようになったことと、蚊がいなくなったことが大きい。フィラリアなんか蚊が媒介するから、昔は多くの犬がそれで死んでました。

年寄り連中が既得権を持ってるからものごとが動かない

近藤　これだけ一気に寿命がのびて、個人も努力しなければいけないけど、どうしてもボケたり寝込んだり、努力ではどうにもならない部分もあって、その介護のプレッシャーがすごい。特に都市部はこれから大変です。いなかの方では、介護が必要な人は亡くなっていって、実はかなり落ち着いてきているでしょう。

養老　今、大阪と広島の年齢構成が、20年前の鳥取県と同じだそうです。都市部で高齢化が進んでいるといわれるのは、なんのことはない、みんなが年をとっただけの話。鳥取は先進県だったわけ。

近藤　高齢化社会を先取りしていたんですね。

養老　年齢別の人口構成がちゃんとしてるところを調べてみると、なんと年寄りがほとんど死んじゃった「いなかのいなか」でね。そういうところに2～3組の夫婦が2〜3人の子どもを連れて移住しただけで、人口構成がちゃんとしちゃう。

近藤 限界集落（65才以上の高齢者が、人口の半分以上を占める集落）のような？

養老 そうです、岡山なんか限界集落が700以上もあるから、将来有望です。20年以内に年寄りがほぼいなくなって、若い人が入ってきて、新たなスタートの地になる。アメリカ的に言えば、やっと日本にも「西部」ができ始めてるんです。

近藤 都会の高齢化問題にもどると、問題は数の多さ。都市部の介護の現場ではすでに、弱ったお年寄りが劣悪な環境に寝かされたり、縛られたりしています。

横浜市は前に言ったように4割が単身世帯になったから、「集団住宅に若い人と年寄りを住まわせて、上手にやっていけないか」とか、いろいろ考えてます。

養老 戦後の人口が100万で今400万人って、急激に膨張した街だから。

世の中、変わってきてますよ。明治維新みたいに突如としてひっくり返ったりはしないだろうけど、なし崩し的に。これを「混迷」ととらえるんじゃなく、いい転機ととらえることですね。

乳母車に、ペットを乗せて散歩する人々

養老　子どもらしい子どもがいなくなったのも、子どもが死ななくなったからでしょう。昔は、父方の祖母なんて10人子どもがいて、自分が死んだ時には4人しか葬式に出られなかった。子どもの半分以上が親より先に、しかも小さいうちに死んでしまってたんですよ。

近藤　衛生状態も栄養状態も悪かったから、感染症であっという間に。

養老　だから昔の親は「ひとの一生ってなんだろう」って、今よりずっと真剣に考えていたと思います。「あんなに元気だったあの子が、あっけなく死んでしまった。この子だってあしたはわからないから、いまこの時を存分に生きさせてやろう。遊ばせてやろう」って。
　そうしないと、急に死んでしまった時、悔いが残ってしょうがない。だから

「子どもは子どもらしく」ということが尊ばれたんです。

近藤　今は、小さいうちに死んじゃう子どもはあまりいませんからね。

養老　そう、みんな長生きだから親たちは「この子は大学を出て、就職して、適当な地位について」という前提で、早くから将来の準備をととのえ始める。それで、子どもの「いま」が犠牲になって、みんな「小さなおとな」になって、今の子どもは、そういう意味ではかわいそうです。

近藤　終身雇用制はすっかり崩れたのに、親のほとんどは今も「子どもをいい学校、いい会社に入れなくては」という価値観です。

養老　そんなのヘンだって、親も気づかないとね。今は自分なりの生きかたの見取り図を描けることの方が、よほど大事な能力ですよ。

近藤　昔の親は忙しくて、子どもにかまっていられなかったのもよかったんですね。

養老　そうそう、僕の母親も夫が早く死んで、食っていけなくて開業医を始めたから、とにかく忙しくて、よく言ってましたよ。「お前には手はかけなかったけど、心はかけた」って。いいかげんなこと言いやがって、って思ったけど（笑）、親は基本的に、それでいいと思います。そういう母にすら、あれこれ心配されて、僕はジャマで仕方なかったから。

近藤　子どもらしい子どもがいなくなったから、こんなにペットを飼う人がふえてるのかもしれませんね。

養老　きのうも女房と鎌倉の街を歩いてたら、前を行く乳母車に、赤ん坊じゃないなにかが見えてね。目をこらしてみたらビックリ、「わっ、あの乳母車、犬が乗ってるよ！」。明らかに、ペットが子どもの代わりになってますね。女房は「犬はちゃんと歩かせろ」って怒ってたけど（笑）。

予測のつかない「自然」の中で動くと生きる上で大切な応用力がつく

養老　今は子どもたちの逃げ場がなくなっちゃった。僕らが子どもの時は「だれのものでもない土地」がいっぱいありました。そこでトンボ捕ったり、セミ捕ったり、川なんか入って遊んだりしてた。そういう場所を全部なくしたでしょう。今は空き地があってもどこかの管理地で、「立ち入り禁止」ですから。

大学生の時、うちの近くの小学校の敷地を削って市役所が建った。「ああ、子どものものを削って、大人のものの作るようになったなあ」と思いました。そのころは「子どもの遊び場がなくなる」という話がひんぱんに出ていたけど、バブルのあと全くなくなりましたね。土地は財産で、子どもなんか関係ないって。

近藤 生きる上で大切なのは応用力で、それを子どもに身につけさせるには、予測のつかない自然の中で動くのが一番いい教育になると思うんだけど。

養老 考える力もつきますね。

社会生活で起こることは、「ああすればこうなる」ということがある程度わかります。人間がやってることだから。

ところが自然の中では、わけのわからないことばかりおきる。たとえば同じ場所に、同じ木が10本生えてるのに、ある木にしか虫がついてないとか。

近藤 頭の中で、疑問を丸めてしまってはいけない、とおっしゃっていますね。

養老　「丸める」っていうのは、なぜだろうと思ったことを、それ以上悩まなくてすむように、とりあえず自分の中でなだめてしまうこと。

すぐに「そういうものなんだ」って、勝手に答えを丸めちゃおうとする人が、すごく多いでしょ。全部まとめて納得したようなフリをしている。だけど、自然から教わる大切なことって、言葉にならないんですよ。

近藤　今は学校でも、すぐに答えややりかたを教えますからね。

養老　そうすれば、教える方もラクでしょ？「ああすれば、こうなる」っていう方法をさっさと教えてしまった方が、お互いに手っとりばやいから。

だから、いろんな場面で、「どうやればいいんですか？」っていう質問を受けますよ。そのたびに「バカ！」って言ってやるんだけど（笑）。やりかたなんて、自分でみつけるものですよ。

近藤　セカンドオピニオンにみえる患者さんにもよく「私はこれから、どうしたらいいんですか？」って聞かれるから「僕の意見は伝えましたから、あとは自分で考えて、自分で判断しないと」って答えるんですけど。

養老　僕が長年飼ってたマウスによく似てるなあ。生まれた時からカゴの中にいて、エサがあって水があって、なんにも困ってないから、しっぽをつかんでブラブラさせてても平気。カゴから出しても、ヘリをさわってゆーっくり歩いてる。ウソだよこれは、生き物じゃないよって感じがしましたよ。

もとは野生のネズミだったのに、家畜ネズミになってしまったわけだ。

近藤　逃げたりしないんですか？

養老　たまにカゴから逃げ出すヤツがいて、研究室の中に1週間いると、野生に返って、ものすごく敏捷《びんしょう》な「つかまらないネズミ」になってるんです。だから僕も、人間のこと心配してないの。人間もおそらく同じだろうと思うから。脊椎ができてから何億年も生きてきているんだからね。頭で考えてヘンにしてるだけですから。

そこがまたペットのいいところで、こいつらあんまり影響受けないで好きにしてるでしょ。至るところでトイレしてても、当たり前じゃんと思うわけで。

自分で世話をした動物は身内になる

養老 これ猫を抱いてるけど（12ページの写真）、たぶん4〜5才の時で、戦前か戦争中ですよ。当時よく撮れたと思います。あの時代のカメラは露出に相当時間がかかってたから、子猫を抱いたまま、猫もじっとしてなきゃいけないし、僕もじっとしてなきゃいけなかったはずだけど。記憶にないんだなあ。

近藤 幼稚園ぐらいの年代の記憶って、あんまりないですよね。

養老 でも、猫がずっといたに違いないんです。というのは、姉が猫を好きでしたから。飼いたいっていうより、面倒をみさせられてた。

あのころから、僕は人間よりは自然や動物を見ていました。幼稚園から帰ってきて、座り込んだままじーっとしてると母が「なにやってるの?」「犬のフンを見てる」「そんなもの見て、なにがおもしろいの」。そこに虫がくるとまたじーっと見てるから、母は相当心配したみたいで、知能テストを受けさせられたことがあります。

近藤 カニも好きだったな。海に行くと小さな砂粒を作るカニがいて。穴を掘って砂の中に入っていって、まん丸の砂粒をたくさん作るんだけど、足音がすると、すっと穴の中にはいっちゃう。そのカニをずーっと見てました。今でもそのカニをたまに見ると、どきっとするくらい惹《ひ》かれます。

僕が最初に家の中で動物を意識したのは、ネズミでした。当時は天井裏をバタバタバタって走り回っているんだけど、顔や姿は見えないから「あれはなんだ」って。今でもネズミはちょっと苦手です。

養老 驚いたのは、結婚したあと古い空家に住んだ時、米蔵をあけたらドブネズミが2匹いたんです。ワイフに言ったら「ほんとだ!」って、ネズミのしっぽをひっぱってる。「こりゃ相手が一枚、うわてだ」って、怖れ入りました(笑)。

僕は大学の時、実験用にネズミを飼ってたら情が移って、飼い殺しにしちゃった。飼っている動物って二人称でしょう。オレとオマエ。だから自分で世話をしていると、殺せなくなります。

うちのニワトリがクリスマスのごちそうに。拾った子猫は不審死…

近藤 そういえば小学校1～2年のころ、うちの庭でニワトリを飼ってて、かわいくていつも追いかけまわしていたんです。

ショックだったのは、当時はクリスマスパーティを家庭で盛んにやっていた時代で、ある時、食卓にニワトリがのってた。「楽しいクリスマス」って、母親がうちのニワトリをローストにしちゃったんです。それから鶏肉が食べられなくなって、克服するまで10年以上だったかな、かなり時間がかかりました。

養老 人間も、赤の他人より知り合いの死の方がこたえますよね。すごく親しい人は、いつまでも心の中で生きてる。

だから、僕は実験には、野生動物を使うことが多かった。当時は大学のまわりにいくらでもいましたから、捕まえてきて。それなら赤の他人で三人称ですから。

近藤　僕は小学校低学年の時、黒い子猫をひろってきて、それこそ猫っかわいがりしてました。で、2週間もたたないぐらいかな、学校から帰ったら猫が冷たくなっていて、母親いわく「子猫が死んだネズミを食べたら、そのネズミが猫いらずを食べていたらしい」って。

やっぱり拾ってくるのはよくないなと反省したんだけど。

ところが最近、猫のことをちょっと調べていて「あれはウソだ」と気づいたんです。親がネズミを捕って食べるところを見せないと、子猫は食べないそうなんです。ということは、小学校の時、子猫が死んだのは、僕の母親が猫いらずを食べさせたせいだったんだと。

猫を飼ったことがない家に僕が子猫を持ちこんで、そこいら中にウンチしたりしたから母親は困り果てて、でも捨ててこいとも言えず、見せしめ的に殺したんじゃないかと。コノヤローと思ったときは、母は亡くなってました（笑）。

チロが教えてくれた、猫にもある「父親の意識」

養老　実はね、僕は子猫を手にかけたことがあります。中学生のころ、姉に「子猫を捨ててこい」って言われまして。

うちで数匹生まれた中に、そのままでは生きていけないような発育の悪い子がいて。戻ってきたらかわいそうだから、いっそ死なせた方がいいと思って、いつも行く山に連れていって、首を絞めたんです。

ところがなかなか死なない。あとで解剖学をやるようになって理由がわかりました。猫の脳に血液を送る動脈は、背骨の中を走っている椎骨《ついこつ》動脈だけなんですよ。だから首を絞めたって、なかなか死なないんだ。悪戦苦闘して、ともあれ死んだのを見届けて埋めました。

なんとも言いようのない気持ちだったなあ。姉にはいつも、そういう役目ばっかり言いつけられてました。

近藤 そういえば『フランダースの犬』『忠犬ハチ公』『吾輩は猫である』…みんな男と犬猫の話ですね。

養老 女性は子どもを持つ性だから、根本的に「子どもがいるからいいや」っていう感覚があるんじゃないのかな。

近藤 男と女の感覚の差があるのかないのかはよくわからないけど、人間を見ても動物を見ても、小さいものがなぜ育ってるかというと、本能に従ってますよね。教えられなくても子どもが小さい時はお乳をあげて、オスがメスを助けたりして。

養老 そうそう、前に飼ってたオス猫、チロがノラ猫に子どもを産ませてね。そのノラにエサをやると、次は子連れでくるんだ（笑）。そうすると、チロがエサを子どもたちに譲ってやってましたよ。あいつにも父親の意識があったのかな。

近藤 動物には、小さいもの、未熟なものを、自分と同じ種ならなおさら、「育てる」本能がインプットされてるんだと思うんです。人間の場合はそれがペットにも転嫁されていて、だから理屈じゃなくて本能的にかわいいと思うのかもしれない。

シャム猫のくせに、隣家では猫まんまを食べてた

養老　ペットみたいに子どもを扱ったら大変だわ。でも僕は結局、一緒に扱って、子どもをしつけそこないましたけど（笑）。

相手を尊重するってことは基本的に、相手の自立性を尊重するってことですよね。ペットと人を区別しないとすれば、そういう言いかたになります。猫に「戸を閉めろ」って言っても無理だし、うちの女房に「カネ使うな」って言っても無理なんだから（笑）。

近藤　全くです。人間にとっても、ペットにとっても、一番大切なのは「自由に生きる。なにものにもわずらわされずに生きる」ということで、できる限り尊重したいと、僕も思います。ひらたく言えば「好きにして」。

養老　そう、良し悪《あ》しじゃなくて、相手をどのくらい自由にさせるかという問題。で

もそのためには、相手を理解しなきゃいけない。相手の限度が見えないと、どんなことになるかわからないですからね。人間は知らないうちに猫を飼ったり、知らないうちに貯金が減ってたりして（笑）、けっこう危ない。

近藤　その点、ペットはわかりやすくていいです。

養老　安心でしょう、たいしたことしないから。でもわかんないよ。僕の母は晩年にシャム猫を飼って、得意げに言ってたんですよ。「私のシャム猫は私が煮たアジか、キャットフードしか食べないの」って。それまで料理らしい料理はいっさいしなかったのに、その猫が食べるアジだけはちゃんと煮てた。

ところが、ある日、隣のオバサンが家に来たから母がいつものように自慢したら、「エッ？　お宅の猫、うちでは猫まんま、食べてますよ」。

近藤　ちゃんと行く先々で食べものを変えて、シャムのくせに、ごはんにカツオブシかけたのを食べてたんだよね（笑）。

養老　シャム君は、家では本当にアジとキャットフードだけだったんですか？

母はそれしか出さなかったから。

近藤　選びようがなかった（笑）。飼い猫を外に出られるようにしておくと、あっちこっちでエサをもらって、違う名前で呼ばれていたりするそうですね。

養老　昔の猫はそうだったんだけど、今の日本人はみんな、いなかでも都会暮らしをしてますからね。自由に外に出られるような環境で飼われてる猫って、ほとんどいなくなってるでしょう。

近藤　犬猫が苦手な人も多いですからね。

養老　おしっこするからくさいとか、嫌う人は極端に嫌いますよね。猫が庭に入ったって怒るし。けっこううるさく言われますよ。街中になればなるほど。

近藤　本当に放っておかれたら犬はハッピーにしてますよ。ブータンがそうです。お寺の庭にもノラ犬がゴロゴロいっぱいいるけど、だれもいじめないし、殺さないし、エサはだれかがやってるから腹がすいたらどこかでもらえばいい。

近藤　犬猫の暮らしは国によってずいぶん違いますよね。

国によってこんなに違う、犬猫の暮らし

養老　ドイツ人は、犬をえらく訓練するんだ。

近藤　そういえば、チェコのプラハの立派なホテルで、客室の間の廊下を犬が横切っていくのを見かけたことがあります。その犬は、絶対に粗相をしないし吠《ほ》えないってことでしょう。日本でそれができる犬が、どれだけいるだろうと。

それから感心したのは、オランダのノラ猫がのびのびしていたこと。アムステルダムの街中を歩いてたら目の前にノラがいて、その視線の向こうにハトがいるわけ。まわりを大勢、人が通っているんだけどノラはぜんぜん気にしないで獲物をじーっと狙っているんです。

イスタンブールのノラ猫も、博物館からモスク（礼拝堂）、レストランの中まで出入り自由で、だれも怒らないそうです。

養老　日本だったら大変だ。

動物も虫も、発見が無限。これほどいいことはありません

養老 ペットもいいけど、野生動物が跳ねまわるのを見るのも、僕は大好きです。前にタヌキがいて、そのうしろをハクビシンが歩いてて、リスがいて…みたいな景色は本当に楽しい。

動物って自然だから発見が無限にあって、これほどいいことはありません。

近藤 昆虫採集も、よく海外にいらしてますね。

養老 虫捕りは、実は大人がやってこそおもしろいんですよ。人間社会の始まりは狩猟採集だったのに、現代社会はそういう本能をあまり満たしてくれませんから。なぜ僕が77になっても、あきもせずに虫を見ているか。お金には全くならないし、尊敬もされないけど、とにかくいつも発見があってね。「えーっ?」「まさかこんなことが!」「そうだったのか!」って。

近藤　発見とは自分が変わること、とおっしゃっていますね。

養老　「発見」って、ほかの何かを見つけることだとみんな思っているけど、実は「自分が変わる」こと。自分が変わった瞬間、世界が変わる。

昆虫もね、今まで同じ種類だと思っていた虫が違うことに、ある日ハッと気づく。気づいた瞬間が、大発見ですよ。「区別がつかなかった自分」が「区別がつく自分」に変わり、見える世界が変わったんですから。

それに「所変われば品変わる」って、虫のことかと思うぐらい、似たように見えても捕る場所が違うと、種類も変わる。すると古地理に興味が湧き、他の生物はってどんどん話が広がって、僕の場合は恐竜の時代までさかのぼっちゃった。

発見があると、自分は生きてるってしみじみ感じられます。

近藤　箱根の養老昆虫館には、電子顕微鏡もあるとうかがいました。

養老　楽しいですよ！　この前は四国のゾウムシを解剖して調べていたら、剣山《つるぎさん》の頂上付近だけ形が全く違う。それで数十年来の謎《なぞ》が解けて感動しました。

小学校のころから、吉野川《よしのがわ》はなぜヘンな形をしてるのか不思議でしかたなかった。四国でのゾウムシの分布が異なることがわかって、「大きな地殻変動があった」という、自分の仮説が証明されました。正解かどうかはわからないし、日本地質学会誌に論文を書いたわけでもないけど、発見そのものがおもしろい。最近は虫の関節を調べています。関節から出る音で、虫は会話しているらしいんだ。

近藤 とにかく僕は虫を見て、考えてるだけで、おもしろいことがつきないんです。そんなに楽しめることがあるなんて、うらやましいなあ（笑）。

養老 僕は「一億玉砕」って叫ぶ大人たちを、子ども心に見て育った世代ですからね。ときどき虫に目がいく人だったら、ああいう時代にも正気でいただろうなあと思うことがあります。

僕が4つの時に父が文鳥を空に放して逝った

近藤 お父上を早くに亡くされたという話を、ご本で拝読しました。

養老　僕が4つの時に父が死にました。元気な母とは対照的に、父は結核になってしまって。僕の記憶は父の死から始まっています。
父の臨終の前後だけ記憶が強化されていて、状況をよく覚えているんです。まさに映画のワンシーンのように、風景が1コマ1コマに分かれています。それが、10代、20代になっても、突然浮かんだりしていました。

近藤　文鳥の話が印象的でした。

養老　療養のために2階に寝ていた父が、珍しくベッドの上で半分起き上がってね。自分が飼ってて、手乗りになってた文鳥を空に放したんです。ベッドは窓際にあり、そばに母が立っていました。父と母が一緒にいる風景は、それしか覚えてない。

近藤　それは子ども心に焼きつくでしょうね。

養老　なぜ父は文鳥を放すんだろうと不思議でしかたなくて、父をじっと見ていたら、ただ「放してやるんだ」と父が答えた。これが、一番古い風景です。
何年もたってからもその風景をよく覚えていたので、一度母にたずねたら「あれはお父さんが死ぬ朝だった。お天気がよかったから窓際にベッドを寄せたら、お父さんが鳥を放したの。亡くなったのはその晩だった」と言っていました。
たぶん、亡くなる前に体が少しラクになったんでしょう。僕にはそれが、父が亡くなる朝だったという記憶は全くなくて、文鳥を放している光景だけが頭にあります。万葉集の中で、鳥は「死者の魂」とされていますから、それが僕の印象に焼きついているのは、日本人だなあと思いますよ。母も、「お父さんは自分の死期を悟ったのかもしれないね」と言ってました。その風景がまずひとつです。

臨終の父に「さようなら」を言えず高校まであいさつができなかった

近藤　臨終のとき「さようなら」を言えなくて、それからあいさつがうまくできなくなったというお話も、せつなくなりました。

養老　夜中、父の傍《かたわ》らで寝ていたら、突然起こされました。異様な雰囲気で大人がベッドのまわりに集まっていて、僕は大人の間を縫って前へ出ました。起こされたばかりで、状況がつかめていなかった。

近藤　父の顔のすぐ横に出て、父を見つめていると、頭の上から「お父さんにさようならを言いなさい」という声が降ってきたんですが、僕はその場の異様さにびっくりしてしまって、声すら出ない。口を聞けない私を見て、父はニコッと笑いました。そしてその瞬間、パッと喀《かっ》血《けつ》して、それで終わった。

養老　それが、長く尾を引いたんですね。

高校ぐらいまで、僕は人と口をきくのも、あいさつをするのも苦手で。母が開業医だったからそれは顔が広くて、町行く人が私にもあいさつをしてくる。でも、僕がよく無視して通り過ぎるっていうので、母にしょっちゅう怒られました。

僕がそのわけに気づいたのは、50才になってから。地下鉄の中でハッと「大切な父にできなかったあいさつを、他人にするわけにはいかないと、自分はどこかで思っていたのでは」と気づいた。同時にようやく「自分の父は死んだ」と思えて、サッと涙が出ました。まわりに人がいるのに、涙がとまらなかった。

近藤　お別れに、半世紀かかったんですね。

養老　親しい人の、二人称の死は、故人が自分の中でちゃんと死ぬまでかなり時間がかかる。そのために、四十九日とか三回忌みたいな儀式があるんでしょう。

近藤　「ちょっと変わってる」って言われてる大勢の人に、僕みたいなことはふつうにあるのかもしれない。本人にしか理由がわからないから「あいつはヘンだよ」で、一生終わってる人も多い気がします。そこに医者がかかわると精神分析になる。

養老　トラウマ（心の傷）の影響については、いろいろな説がありますね。

近藤　それはきっと、その人その人のヒストリーや経験による。だから精神分析によって、人の行動が変わるんですよ。

養老　原因に気づくとね。

近藤　そう、気づいたあと変わりますから。ある意味で違う人になるんですよ。

養老　僕も中学まで、自分の考えを人にうまく伝えられなかった。ホームルームでも手を挙げられなかったし、家でも「メシ風呂寝る」ぐらいしかしゃべりませんでした。いまだに自分で気づいていない原因が、なにかあったのかもしれないな。

養老　僕の世界がいちばん変わったのは、学生のときからずーっといた、東京大学を辞めた時です。18才の時からいて57才で辞めたから、40年近い。辞めた次の日、世界が明るかったですよ。そんな明るい陽《ひ》を、見たことがなかった。
　これは辞めてみないとわからないことなんだけど、東大でしょってたプレッシャーが、全部下りたんですね。その瞬間に、世界がぐわーっと変わりました。そして「ちくしょー、女房の世界は初めからこういうふうに明るかったんだ」って（笑）。それが、大発見でした。

母の最期も、なにもしてません

養老　僕の母親も、自宅で亡くなっています。病院には全然入らなかったし、最期もなにもしてないから、なんで死んだかわからない。母の場合は95才だったから、死んで当たり前だろうという感じで。
　それもおもしろいんだ。母が90ぐらいになった時、立てなくなったっていうから、ベッドを買ったり、姉と兄と僕で「どうする？　本人は絶対入院しないって言ってるけど」って話し合いもしました。姉貴は「入院させなさい」って言ったんだけど、母は結局家にいました。

そしたら、1年たったら起き上がりやがるんだ。うちの息子が2階にいたら、夜中、なにかにカンカンに怒って階段を上がってきたらしい。子どもたちがあんまり面倒みてくれないから、弱ったフリしてたんだね。年寄りには注意しなきゃ。

母に「だまされた」ってわかった時、姉がなんて言ったと思います？「ほらごらんなさい。あの時、入院させとけば今ごろ死んでたのに」。当時、院内感染がはやってましたからね（笑）。

近藤　しかしお母様のご判断は賢明でしたね。立てなくなって入院したら、病院は至れりつくせりで、どこへ行くにも「危ないから」って車椅子に乗せられて、だいたい歩けなくなっちゃいますからね。

養老　僕も母みたいに、できるだけふつうの生活をして、朝起きたら死んでいたというのが一番いいな。

近藤　全く同感です。

養老　あんまりわかっちゃうのはイヤですよ。5年生存率が48%とか言われても、ワケわからないしね。だって本人にとっては0か100なんだもん。

だから僕は考えないようにしてる。自然に年をとって、なにもわからなくなって、どっかで行き倒れて死んじゃうのがいい。飛行機が落ちて死ぬのもいいな。

近藤　落ちるまでがこわそう（笑）。

養老　だいたいね、毎日寝て、意識がなくなってるんだから、そこから戻ってこなくても、なんの不思議もないですよ。葬式は、曹洞宗《そうとうしゅう》の若いお坊さんの集まりに参加した時、生前葬をしてもらったから、僕はもう死んでいる（笑）。だからなにも心配はいらないんだ。

墓は、住まいのある鎌倉に虫塚のようなものを作ろうと思っています。すでに、場所は決めました。墓を作るのは面倒くさいから、最後はそこに、虫と一緒に入れてもらいたいと思っています。

対談を終えて

養老孟司

この原稿を書こうと思って階段の下のトイレに入ったら、2階からまるが降りてくる音がした。ドスン、ドスン。もともとの由来が、狩りをする肉食獣だとはとても思えない。あの足音ではネズミなんか全部逃げる。それに比べて近藤さんちのボビー君の身軽だったこと。

用事があったので、それから東京に出かけてタクシーに乗った。運転手さんがこちらを見知っているらしく、いきなりケータイの待ち受け画面を見せられた。猫である。猫の顔が抱いている飼い主の顔のあたりにあって、後ろ足の先が飼い主の膝の辺にきている。「うちの子ですよ、13キロ」。安心したというか、なんというか。こいつに比べたら、まるも大したことはない。7キロしかないもの。

近藤先生も医学上の論争になると必殺仕置き人みたいだが、ボビーを抱いていると、かわいいオジサン。ペットなんて軽くいうけれども、もうちょっといい日本語表現はないのかなあ。家族でもいいけど、だれかに、なにか文句を言われそうな気がする。愛玩動物では固すぎるし。結局「うちのまる」。

対談の時にボビーにチョコレートをやりたかったんだけど、じっと我慢。私の悪い癖はまるにマヨネーズをやることである。まるもよくわかっていて、こちらを見て「マヨネーズ」と言う。言わないけれども、わかっている。十分に餌をやったはずなのに、「もっとくれ」というときはマヨネーズなのである。

ボビー君と顔を見合わせたら、まるは「フーッ」の一言だった。べつにさして怒っているという感じでもない。「なんだよ、お前」とでも言いたかったのであろう。ともあれ、偉そうにしていた。自宅だから強い。外へ出たら、からきしダメ。

近藤先生は菊池寛賞の授賞式以来、お会いするのは2度目である。でも著作は以前から知っているし、考える向きも似たようなもの。私は患者さんを診ないから、楽でいい。でも近藤先生は大変だろうと思う。ボビー君でもいなけりゃ、ストレスが多くて、それこそがんになってしまうんじゃないか。大病院のお医者さんたちは、患者さんより平均寿命が短いのである。

先生も定年だそうだから、これからボビー君と一緒にどんどん長生きしてください。

対談を終えて…………近藤 誠

この対談企画が持ち上がったとき、懸念したことがいくつかあります。

ひとつは世の中には、ペットになみなみならぬ愛情を注いでいる人たちが大勢おられるわけで、私ごとき並の飼い主がペットについて語るのはおこがましいのではないか、ということでした。

ただ日本のペット医療について、私は少なからぬ疑問をいだいており、この機会にそれをお話しする意味はあるかもしれません。それに養老先生はとても猫好きであるとお聞きし、ペット医療を語りあうのにこれ以上最適な方はいないのではないか。

もっとも私はこれまで、がん治療のあれこれや成人病医療などを徹底的に批判してきました。医学界出身の先生が、はたしてそんな者との対談をお受けになるだろうか、と危惧しましたが杞憂でした。

自分で話すよりも相手の話を聞いているほうが心地よい、という私の性格も、対談するうえでの懸念材料でした。慶應病院時代に患者さんたちの話をよく聴くことを心がけていたため、傾聴が習い性となってしまったようです。が、幸い対談では、重要なことは言いつくせたようです。

ところで実際に対談してみて、養老先生が心底ペット好きであり、虫好きであることに改めて気づかされました。まるちゃんを世話するしぐさや、養老昆虫館でゾウムシの標本整理や観察をする様子について話された時の目の輝きは忘れがたいものがありますし、そういう先生と対談できて幸いでした。

最後になりますが、本書のタイトル候補として「ペットを看取る」や「うちの仔を看取る」などもありました。人間と同じように、ペットにとっても看取りの問題は大きく、その方法次第でペットが幸せにも不幸にもなりますし、看取った側に心の傷が残ることもあります。が、それはその時のこと。

いつか来るその日まで、「ボビー、世界中でキミがいちばんかわいいよ。そばにいてくれて、ありがとう！」とチューしながら、ボビーのいる暮らしを心ゆくまで楽しみたいと思っています。

ねこバカ いぬバカ

2015年4月21日　初版第１刷発行

著　　者　養老孟司、近藤 誠
発 行 者　伊藤礼子
発 行 所　株式会社 小学館
〒101-8001　東京都千代田区一ツ橋2-3-1
電　　話　（編集）03-3230-5127　（販売）03-5281-3555
印 刷 所　共同印刷株式会社
製 本 所　株式会社若林製本工場

ブックデザイン　轡田昭彦＋坪井朋子
撮　　影　川上輝明（bean）
編集協力　日高あつ子

ISBN978-4-09-388407-5

制作／太田真由美・酒井かをり・斉藤陽子　販売／岸本信也　宣伝／島田由紀
校閲／小学館出版クォリティーセンター　編集／小澤洋美